CAKE DECORATION TECHNIC
케이크 데코레이션 테크닉

신태화 · 강신욱 · 박상준 · 이원석
이재진 · 이준열 · 한장호 · 홍여주

(주)백산출판사

PREFACE

눈과 입이 즐거운 맛있는 케이크를 만들기 위해서는 무엇이 필요한가? 고민을 하던 중 문득 생각나는 것 하나가 있다. 바로 데코레이션이다. 어떻게 하면 더 예쁘고 보기 좋게 할 수 있을까? 물론 많은 노력이 필요하다. 그러나 노력에 앞서 데코레이션에 필요한 기본적인 지식과 기술, 태도를 가지고 있어야 할 수가 있다. 이 책은 케이크 데코레이션을 공부하는 학생, 각종 대회를 준비하는 기능인, 실무에 경험이 있는 제과인들에게 작은 도움이 되길 바라는 마음으로 저자의 35년 현장경험과 20년 간 학교에서 학생들을 가르치며 느낀 실무 내용을 바탕으로 집필하였다. 본서는 케이크를 만들고 공부하고자 하는 모든 분이 기본적으로 갖추어야 할 파이핑 데코레이션을 마스터할 수 있도록 구성한 책으로 기초부터 단계적으로 배워 나갈 수 있도록 방법을 제시하였으며, 다양한 디자인, 파이핑 테크닉을 활용한 케이크 디자인을 제시하였다. 배우고자 하는 모든 분께 지속적인 동기부여를 위하여 케이크 디자이너 자격증과 제과기능장 자격증 취득 시에 필요한 테크닉을 모두 수록하였다. 이 책의 특징은 크게 다섯 가지로 나누어보고자 한다.

- 아이싱의 기본을 알고 할 수 있도록 되어 있다.
- 다양한 모양깍지를 활용하는 방법을 설명한다.
- 선과 글씨, 짜기 테크닉을 습득하는 데 필요한 것을 제시한다.

● 다양한 데코레이션에 필요한 장식물을 만들 수 있도록 했다.
● 이 한 권에 케이크 데코레이션 테크닉에 대한 모든 내용을 담아 케이크 디자이너와 제과기능장 자격증까지 취득할 수 있도록 했다.

제과제빵에 관심을 가지고 공부하는 모든 분에게 도움이 되기를 소망하며, 저의 오랜 경험을 바탕으로 열정을 가지고 집필하였으나 아직도 부족한 부분이 많은 듯합니다. 앞으로 더욱 노력하고 최선을 다하여 계속 수정보완해 나갈 것이며, 제과제빵을 사랑하는 모든 분에게 많은 도움이 되기를 기원합니다.

끝으로 책이 나오기까지 많은 도움을 주신 박병욱 교수님, 백산출판사 진욱상 사장님과 편집부 선생님들, 이경희 부장님께 깊은 감사를 드립니다.

2022년 겨울에
저자 씀

CONTENTS

CHAPTER 1

케이크의 이해

CHAPTER 2

케이크의 구성 및 재료

CHAPTER **3**

제과 이론

CHAPTER **4**

제과 공정 순서

CHAPTER **5**

케이크 데코레이션 테크닉

CHAPTER **6**

마지팬

CHAPTER **7**

초콜릿 데코레이션

CHAPTER **8**

케이크 데코레이션

CHAPTER **9**

케이크 데코레이션 장식물 만들기

CAKE
DECORATION
TECHNIC

CHAPTER

1

케이크의 이해

케이크의 이해

 제1절 **케이크의 발전과정 및 역사**

1. 케이크의 어원

케이크는 영어 Cake, 프랑스 Gâteau 가또, 독일어 Torte 토르테, 일본어 ケーキ 케키, 페르시아어 ﮎﯿﮎ 케익으로 불린다. 옥스퍼드 영어사전에 따르면 케이크의 어원은 바이킹들이 사용했던 고대 노르웨이어인 '카카kaka'에서 유래되었다. 또한 이 단어가 미국 식민지 시기의 '작은 케

이크'라는 뜻의 'cookie'에서 왔다는 설도 있다. 13세기 무렵부터 케이크Cake란 단어가 널리 쓰이기 시작했으며, 빵과 케이크는 고대 이집트에서 먹기 시작했다. 식품학자들은 이집트인들이 당시 나름의 제과기술을 가지고 있었던 것으로 본다.

2. 케이크의 기원

케이크의 기원은 신석기 시대까지 거슬러 올라간다. 최초의 케이크는 지금 우리가 알고 있는 것과는 매우 다르게 그것은 밀가루에 꿀을 첨가해 단맛을 내어 빵에 가까운 음식으로 우묵한 석기에 밀가루와 물 등 기타 재료를 넣고 섞은 뒤 그대로 굳혀 떼어내는 방식으로 만들어졌으며, 때로는 견과류나 말린 과일이 들어가기도 했다. 이것이 바로 케이크의 시조라 할 만한 음식으로 알려져 있다. 이렇게 만들어진 최초의 케이크는 잘 건조되어 단단하고 보존성이 좋은 비스킷이 되었다. 이후 오랜 시간의 변화와 발전을 통해 빵이나 과자 등과 갈래를 달리하며 지금의 모습을 갖게 된 것이다. 케이크는 크게 가토(Gateau: 진과자), 갈레트(Galette: 팬케이크), 플랑(flan: 찐과자) 등으로 분류된다. 케이크Cake는 달걀과 밀가루, 설탕을 주재료로 하여 특정한 모양을 띠도록 구운 과자로 케이크의 기원을 신석기 시대부터 찾기도 하지만 베이킹파우더와 흰설탕을 이용해 구워 낸 현대적 개념의 케이크는 19세기부터 본격적으로 시작되었으며, 한국에는 구한말 선교사에 의해 처음 케이크와 빵의 개념이 소개되었다. 결혼식과 생일 등 기념일에 빠지지 않는 케이크는 그 중요성만큼이나 나라별, 상황별로 다양한 전통과 풍습이 존재한다.

3. 케이크의 발전과정

케이크는 이집트에서 빵 굽는 기술이 등장하면서 발전하기 시작했고, B.C. 2000년경 이집트인들은 이미 이스트를 이용한 케이크를 만들기 시작했으며, 당시의 사람들은 이집트인들을 '빵을 먹는 사람'이라고 표현했다고 한다. 당시의 회화나 조각 작품들을 보면 밀가루를 사용하여 빵 반죽하고 있는 모습을 볼 수 있다. 이러한 이집트의 빵 중심의 식문화는 그리스 로마로 전해져 케이크의 발전에 기여하게 된다. 그리스에서는 케이크의 종류가 100여 종에 달했으며, 로마에서는 케이크가 빵으로부터 완전히 독립돼 빵 만드는 사람과 케이크를 만드는 사람이 구분되어 각각의 전문점과 직업조합을 가지게 되었다. 우리가 알고 있는 둥글고 윗부분이 아이싱 처리된 현대 케이크의 선구자격인 케이크는 17세기 중반 유럽에서 처음으로 구워지기 시작했다. 이것은 오븐과 음식 몰드의 발전과 같은 기술 발전, 그리고 정제된 설탕 등의 재료 수급이 원활해진 덕분에 가능했다. 그때는 케이크의 모양을 만드는 몰드로 동그란 형태가 많이 쓰였으며, 이것이 현재까지 일반적인 케이크의 모양으로 자리를 잡게 되었다. 이때 케이크 윗부분의 모양을 내고자 하는 목적으로 설탕과 달걀흰자, 때로는 향료를 끓인 혼합물을 사용해 케이크 윗부분에 붓는 관습이 있었는데 이러한 재료들은 케이크 위에 부어져 오븐 속에서 다시 구워진 후에 딱딱하고 투명한 얼음처럼 변했기 때문에 이를 '아이싱'이라 부르게 되었다. 19세기에 들어와서 이스트 대신 베이킹파우더와 정제된 하얀 밀가루를 넣은 우리가 알고 있는 현대적인 케이크가 만들어지기 시작했다. 케이크 종류에 따라 반죽 재료의 구성 비율이나 새로운 재료가 추가되고 굽는 방법도 달라지며, 구워진 케이크에 버터크림, 생크림 등의 재료를 발라 케이크 표면을 매끄럽게 마무리하는 아이싱 과정과 여러 모양의 장식물로 개성 있게 데코레이션 과정을 거쳐 맛과 형태가 다른 다양한 종류의 케이크를 만든다. 최근에는 아이스크림 케이크, 떡 케이크 등 밀가루가 아닌 다양한 재료를 사용하여 만든 새로운 개념의 케이크가 등장하였다.

4. 한국에서의 역사

한국을 비롯한 동양권에서는 케이크의 기원이라 할 만한 음식을 찾아보기 힘들다. 밀가루가 주식인 유럽에서 일찍이 케이크 문화가 발달한 것과 달리 한국과 중국, 일본 등의 동양에서는 쌀을 주식으로 해왔기 때문이다. 한국에 케이크나 빵의 개념이 소개된 것은 일제 강점기부터이다. 구한말 선교사들에 의해 서양의 과자가 소개되었고 오븐을 대신하기 위해 숯불을 피운 뒤 그 위에 시루를 엎고 그 위에 빵 반죽을 올려놓은 다음 뚜껑을 덮어 구웠다고 한다. 이후 일본인들에 의해 국내에서 빵 제조업소가 생겨나고 생산판매 하였으나 기술적인 면에서 제대로 전수되지 못하고 제과, 제빵 재료 등 여러 어려운 상황이 계속되어 왔다. 그러나 1970년대 초 정부의 적극적인 분식장려정책에 의해 급속한 빵류의 소비증가로 대규모의 양산체제를 갖춘 제과

회사가 생겨났다. 한국 최초의 서양식 제과점은 일제 강점기 시절 군산에 오픈한 '이성당李盛堂'으로 알려져 있다. 이성당은 1920년대 일본인이 운영하던 '이즈모야'라는 화과점이 해방 직후 한국인 이씨에게 넘겨져 이성당으로 가게 명칭을 변경해 현재까지 운영되고 있다.

우리나라는 설탕·우유·버터 등이 안정적으로 공급되기 시작한 1970~80년대부터 데코레이션 케이크를 먹기 시작했다. 스펀지 시트 위에 버터크림을 바르고 설탕을 녹여 만든 장미꽃을 장식으로 얹은 게 대표적이다. 1990년대에 들어서면서 국민들의 소비 수준이 높아지고, 전국적으로 제과점이 많이 늘면서 케이크 소비 패턴에도 일대 변화가 찾아왔다. 가장 인기를 많이 차지한 케이크는 '생크림케이크'로 스펀지 시트 위에 버터크림보다 훨씬 시원하고, 차갑고, 가벼운 느낌이 나는 생크림을 아이싱 하였다. 여기에 통조림 과일 또는 생과일로 장식을 했다. 생크림케이크는 케이크의 본국인 유럽이 아닌 일본에서 넘어온 대표적인 유형의 케이크다. 따라서 일본과 우리나라에서 특히 인기가 높다. 생크림케이크는 버터크림케이크보다 깊이 있고 진한 맛은 약하지만 신선한 느낌으로 소비자들 사이에서 인기를 끌었다. 1990년대부터 지금까지 모든 베이커리들이 생크림케이크를 전문적으로 만들어 판매하고 있다. 또한 2000년대로 접어들면서 스펀지보다 훨씬 가볍고 폭신한 시폰 시트를 활용한 시폰 케이크와 차가운 느낌을 가진 무스 케이크, 티라미수, 구움 케이크의 일종인 뉴욕치즈케이크가 사랑을 받고 있다.

제2절 케이크의 개념 및 영역

1. 케이크의 개념

케이크란 설탕, 달걀, 밀가루 또는 전분, 버터, 마가린, 우유, 크림, 생크림, 양주류, 레몬, 초콜릿, 커피, 과일, 향료 등의 재료를 적절히 혼합하여 구운 서양과자의 총칭이다.

2. 케이크의 영역

- 케이크는 밀가루, 설탕, 달걀, 베이킹파우더, 버터 등이 기본 재료로 구성된 반죽을 틀에 붓고 오븐에 구워 만든다.

- 케이크 종류에 따라 반죽 재료의 구성 비율이나 새로운 재료가 추가되고 굽는 방법도 다르다.

- 케이크는 슈, 타틀렛트 같은 소형과자에서부터 대형과자, 뷔슈 드 노엘 등이 제과영역에 해당된다.

- 초콜릿 제품, 크림류, 냉과류, 소스류, 공예과자 등 빵류를 제외한 대부분이 포함된다.

2

CHAPTER

케이크의
구성 및 재료

케이크의 구성 및 재료

 제1절 케이크 디자인과 색채

1. 케이크 디자인의 기본

케이크 디자인은 회화나 조각하고는 다르게 많은 제약이 있고 특별한 조건을 갖는다. 회화나 조각은 시각 창조 과정을 통해서 어떠한 메시지전달을 주목적으로 하나 케이크 디자인은 한정된 대상 제품 안에서 고객의 요구에 부응해야 한다. 그러므로 제품의 특성을 가장 잘 나타낼 수 있는 재료와 디자인 구성요소들을 적절히 조합하는 능력과 고객이 만족할 수 있도록 표현하는 능력이 매우 중요하다.

1) 디자인의 구성요소

디자인의 구성요소에는 개념요소와 시각요소, 상관요소, 실제요소가 있다.

가. 개념요소

실제로 존재하지 않으나 존재하는 것처럼 정의된 요소이며, 점, 선, 면, 입체가 이에 해당한다.

나. 시각요소

점, 선, 면 등 실제로 존재하지 않는 요소들을 가시적으로 표현했을 때 나타나는 요소들이다. 실제로 볼 수 있고 느낄 수 있는 요소로 형태, 크기 색채, 질감 등이 있다.

다. 상관요소

각각의 개별적 요소들이 서로 유기적 상관관계를 이루어 상호작용을 함으로써 나타나는 느낌이다. 상관요소에는 방향감과 위치감, 공간감, 중량감이 있다.

라. 실제요소

디자인의 내용과 범위를 포괄하는 요소로 디자인의 고유 목적을 충족시키기 위해 존재하는 요소이다. 질감표현을 위한 재료, 의미에 맞는 색상과 디자인, 목적에 적합한 기능, 메시지 전달을 위한 상징물 등의 실제적 요소이다.

2) 디자인의 구성 원리

디자인의 구성요소들을 어떻게 적절히 활용하느냐에 따라서 디자인의 품질은 달라지며, 디자인의 구성 원리에는 조화, 균형, 비례, 율동, 강조, 통일이 있다.

가. 조화(Harmony)

둘 이상의 요소들이 결합하여 통일된 전체로서 각 요소마다 더 높은 의미와 미적 효과를 나타내는 것이다. 요소끼리 분리되거나 배척하지 않고 질서를 유지함으로써 달성할 수 있다. 조화에는 유사조화, 대비조화가 있다.

나. 균형(Balance)

요소들의 구성에 있어 가장 안정적인 원리이다. 형태와 색채 등의 각 구성 요소의 배치 방법에 따라 대칭과 비대칭 균형으로 나눈다.

다. 비례(Proportion)

신비로운 기하학적 미의 법칙으로 고대 건축에서부터 많이 활용되어 왔다. 서로 다른 사물들이 디자인 요소로 사용될 때 그 요소들의 상대적인 크기로써 비교되는 균형의 미를 나타낸다.

라. 율동(Rhythm)

같거나 비슷한 요소들이 일정한 규칙으로 반복되거나, 일정한 변화를 주어 시각적으로 동적인 느낌을 갖게 하는 요소이다.

마. 강조(Emphasis)

특정 부분에 변화를 주어 시각적으로 집중하게 하거나 강한 인상을 주기 위한 방식이다. 형태의 느낌을 강하게 표현하기 위해 사물의 특성을 간결하게 변형하여 나타내기도 하고 시선을 한곳으로 모으는 초점focal point기법을 사용하기도 한다.

바. 통일(Unity)

디자인이 갖고 있는 요소들 속에 어떤 조화나 일치가 존재하고 있음을 의미한다. 디자인의 모든 부분이 서로 유기적으로 적절히 연결되어 부분보다는 전체가 두드러져 보일 때 통일감을 느낄 수 있다.

2. 색채의 기본과 활용

모든 디자인에 있어서 형태와 색은 가장 중요한 요소이다. 사람의 시각을 가장 자극하는 것은 생체적 요소이며, 점, 선, 면, 입체 등의 요소들도 색상에 따라 그 느낌이 달라질 수 있다.

색의 혼합을 통해 여러 종류의 다른 색을 만들 수 있는 세 가지 색은 가산혼합의 3원색 빨강Red, 초록Green, 파랑Blue이며, 감산혼합의 3원색은 시안Cyan, 마젠타Magenta, 옐로Yellow이다.

① 유채색: 무채색 이외의 모든 색을 말한다. 빨강, 주황, 노랑, 녹색, 파랑, 남색, 보라 등의 무지개 색과 이들의 혼합에서 나오는 모든 색이 포함된다. 색상과 명도, 채도를 가지며, 빨강, 파랑, 노랑과 같이 더 이상 쪼갤 수 없는 색을 원색, 동일 색상 중에서 무채색이 섞이지 않은 순수한 색을 순색이라 한다.

② 무채색: 색상과 채도 없이 오직 명도만 가진 색을 말한다. 흰색, 검정색, 회색이 이에 속한다.

3. 색의 속성

1) 색상

색의 차이를 나타내는 말로 빨강, 파랑, 노랑 등 색의 이름을 구별한다.
- 1차색: 빨강, 파랑, 노랑
- 2차색: 주황, 녹색, 보라
- 3차색: 귤색, 다홍, 자주, 남색, 청록, 연두

2) 채도

색의 선명한 정도를 나타낸다. 채도가 높을수록 색의 강도는 강하고 채도가 낮을수록 색의 강도는 약해진다. 채도가 아주 낮아지면 나중에는 흰색이나 회색, 검정 등의 무채색이 된다.

3) 명도

색의 밝기를 말한다. 명도가 가장 높은 색은 흰색이고 가장 낮은 색은 검정이다. 유채색과 무채색 모두 명도를 가진다.

4) 톤

명도와 채도에 따라 결정되는 색의 느낌을 말한다. 명암, 농담, 경중, 화려함, 수수함 등 색감의 정도를 나타낸다.

4. 색채의 기본 사용하기

디자인에서 색은 가장 중요한 요소의 하나로 시각을 가장 강하게 자극하는 것이 색채적 요소이며, 점, 선, 면, 입체 등의 요소들도 색상에 따라 그 느낌이 달라질 수 있다. 마지팬 장식물을 만들기 위해 색깔을 들이는 대표적인 색소 비율은 다음과 같다.

① 보라색 = 파랑5 + 빨강5   ② 연두색 = 노랑6 + 녹색4

③ 오렌지색 = 빨강5 + 노랑5   ④ 녹색 = 파랑7 + 노랑3

⑤ 갈색 = 빨강5 + 녹색5   ⑥ 남색 = 파랑5 + 보라5

⑦ 주황 = 노랑7 + 빨강3   ⑧ 고동 = 빨강7 + 검정3

⑨ 밤색 = 주황8 + 검정2   ⑩ 초록 = 노랑7 + 파랑3

⑪ 하늘 = 흰색8 + 파랑2   ⑫ 살색 = 흰색8 + 주황2

5. 색의 이미지

색채에는 사람의 감정을 자극하는 효과가 있다. 색에서 받는 느낌은 색에 따라 다르며, 이를 적절히 활용함으로써 디자인의 효과를 더욱 배가시킬 수 있다.

① 색의 감정적 효과: 온도감, 중량감, 강약감, 경연감을 나타낸다.

② 색의 공감각: 색의 다른 감각기관인 미각, 후각, 청각 등을 같이 느끼게 하는데 이것을 색의 공감각이라 한다. 여기에는 미각, 후각, 청각, 촉각, 계절감을 느낄 수 있다.

제2절 케이크 데코레이션 재료

1. 크림류

① 버터크림 : 케이크 표면을 아이싱하거나 장식할 때 주로 사용하는 크림으로 각종 부재료를 첨가하여 맛과 향을 변화시킬 수 있다.

② 가나슈 크림 : 끓인 생크림과 초콜릿을 더한 크림으로 다양하게 많이 사용한다.

③ 생크림 : 우유의 지방분을 분리해 만든 크림. 케이크의 아이싱, 장식 등에 쓰이기도 하고 무스, 초콜릿을 만들 때 쓰이기도 한다.

④ 사워크림 : 생크림을 자연적으로 발효시켜 만든 크림. 부드럽고 새콤한 맛이 나서 치즈케이크를 만들 때 쓰인다.

⑤ 아몬드크림 : 아몬드 파우더나 페이스트 상태의 아몬드를 사용해 만드는 크림으로 주로 필링으로 쓰인다. 프랑스어로 크렘 다망드_{Creme d'amande}라고도 불린다.

⑥ 커스터드 크림 : 커스터드라는 과자가 커스터드푸딩과 커스터드소스로 발전하는 과정에서 생긴 크림. 우유와 달걀을 주재료로 만들어진다.

2. 머랭(Meringue)

주로 달걀흰자를 이용하여 설탕과 함께 거품을 내어 만드는 반죽이 머랭이다. 머랭의 종류에는 일반적으로 사용되는 냉제 머랭과 이탈리안 머랭, 온제 머랭, 스위스 머랭 등이 있다.

1) 머랭(Meringue)의 유래

머랭은 1720년경 가스파리니라는 스위스 과자 요리사가 처음 개발한 것으로 알려져 있고,

이태리 북서부 메렝고Merengo에서 유래되었으며, 머랭의 기본적인 재료는 달걀흰자에 설탕을 넣어서 거품을 낸 것으로 다양한 모양을 만들거나 크림용으로 많이 사용된다. 흰자의 기포성을 증가시키기 위해 주석산 크림cream of tartar을 많이 사용하고 있다. 흰자는 중성이나 약산성에서 기포력이 높아지며, 약알칼리성인 흰자에 주석산크림, 레몬즙 등의 산을 첨가하면 기포력이 커진다. 머랭의 종류는 차가운 머랭cold meringue, 따뜻한 머랭hot meringue, 뜨거운 시럽 머랭boiled meringue의 3가지가 있으며, 배합에서도 약간의 차이가 있다. 차가운 머랭보다 따뜻한 머랭은 설탕량이 많고, 시럽 머랭은 배합 중에 약간의 물이 들어 있으며, 용도도 각각 다르다.

3. 머랭의 종류

❶ 냉제 머랭(cold meringue)

일명 일반 머랭이라고 하는 냉제 머랭은 기본적으로 가장 많이 쓰는 머랭으로 흔히 프렌치 머랭French meringue이라고도 부른다. 흰자 100에 대하여 설탕 200의 비율로 만드는데 먼저 흰자의 기포를 올리면서 설탕을 서서히 넣으면서 강한 머랭을 만든다. 이때 흰자 온도는 24℃ 정도이며, 거품을 안정시키기 위해 0.3% 소금과 0.5%의 주석산크림을 첨가시킨다. 설탕을 처음부터 넣고 머랭을 올리면 부피가 작고 시간도 오래 걸린다. 거품형케이크나 별립법으로 다양한 제과류 제품을 만들 때 많이 사용한다.

❷ 온제 머랭(hot meringue)

흰자 100에 대하여 설탕 200의 비율로 만드는데 흰자와 설탕을 혼합한 다음 중탕하여 온도를 43℃ 정도로 가온시켜 거품을 올리는 방법으로 온제 머랭은 곱고 묵직하여 힘이 있다. 반죽 자체에 열이 있기 때문에 표면이 마르기 쉽고 짜내어도 모양이 흐트러지지 않는다. 온제 머랭은 파이, 푸딩, 베이크드 알래스카baked Alaska 등과 같은 디저트에 얹는 용도로 많이 사용한다.

❸ 스위스 머랭(Swiss meringue, Hot meringue)

흰자 100에 대하여 설탕 180의 비율로 만들며, 흰자와 설탕을 혼합하여 43~49℃에서 중탕하여 달걀흰자에 설탕이 완전히 녹으면 믹서에 옮겨 중간이나 팽팽한 정도가 될 때까지 거품을 내며, 소량의 슈거파우더를 사용하여 반죽되기를 조절한다. 스위스 머랭은 머랭 쿠키나 파블로바 디저트 등에 다양하게 사용하고 있으며, 각종 장식 모양을 만들 때 많이 사용한다.

❹ 이탈리안 머랭(Italian meringue)

일명 시럽머랭, 보일드머랭이라고 하는 이탈리안 머랭은 달걀흰자 거품을 올린 상태에서 시럽을 흘려 넣어 머랭을 만드는 것이다. 배합률은 흰자 100%, 설탕 275%, 물 60%, 주석산 1.5%의 배합과 흰자 100%, 설탕 145%, 물 36%, 주석산크림 0.4% 등의 배합률이 있다. 이탈리안 머랭은 이미 뜨거운 열을 오래 받아서 살균이 되었으므로 열을 가하지 않는 냉과류(무스, 티라미수), 크림류, 디저트류에 알맞고 기포의 안정이 좋으므로 데코레이션 케이크에 적합하다. 그러나 이 머랭은 부피가 크고 결이 거칠어 고운 선을 요구하는 제품에는 부적당하다. 또한 이탈리안 머랭은 열전도가 나빠 굽는 제품으로 만들기에도 적절치 않다.

4. 초콜릿(Chocolate)

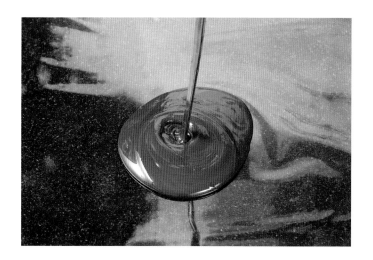

초콜릿의 주원료는 신의 음식이라 불리는 카카오나무의 열매다. 카카오나무 열매는 섭씨 20℃ 이상의 따뜻한 온도와 연간 200ml 이상의 강수량이 유지되어야 하는 까다로운 성장 환경

을 가지고 있으며, 또한 뜨거운 태양빛과 바람을 피하기 위해 다른 나무 그늘 밑에서 주로 자란 카카오나무는 100년이 넘을 때까지 열매를 생산해 낼 수 있다. 카카오포드라고 불리는 열매 속에는 카카오 빈이 들어 있는데 이 카카오 빈을 갈아서 카카오 버터, 카카오 매스, 카카오 분말 등에 다른 식품을 섞어 가공한 것을 초콜릿이라 말한다.

1) 카카오의 유전학적 형질에 따른 종류

❶ 크리올로(Criollo)

카카오의 왕자라고도 불리며 최고의 향과 맛을 가지고 있다. 전체 카카오 재배지역의 5% 이하로 병충해에 약하고 수확하기가 어렵다. 중앙아메리카의 카리브해 일대, 베네수엘라, 에콰도르 등에서 주로 재배된다.

❷ 포라스테로(Forastero)

거의 모든 초콜릿제품의 원료로 쓰이면서 생산성이 높고 고품질인 이 제품은 세계적으로 가장 많이 재배되고 있다. 주로 브라질과 아프리카에서 재배되며 신맛과 쓴맛이 좀 강한 편이다.

❸ 트리니타리오(Trinitario)

크리올로와 포라스테로의 장점을 혼합하여 만든 변종으로 크리올로의 뛰어난 향과 포레스테로의 높은 생산성을 가지고 있다. 또한 여러 다른 종과 섞어서 다양한 맛의 초콜릿으로 변형하여 사용한다.

2) 초콜릿 수확에서 포장까지의 공정

(1) 수확

카보스(Cabosse 카카오포드)라고 불리는 카카오 열매는 덥고 습한 열대우림 지역(남·북위 20° 사이)에서 자라 일 년에 2번씩 열매를 맺는다. 럭비공모양으로 자란 열매는 색과 촉감으로 완숙도를 파악하며 수확하는데 카카오 빈은 아몬드 정도의 모양과 크기이며, 한 개의 열매에

30~40개가량 들어 있다. 수확 후 카보스의 단단한 껍질을 쪼개 카카오원두만을 꺼내 다시 원두를 한 알 한 알 수작업으로 따로따로 떼어낸다.

(2) 발효

채취한 카카오 원두는 1~6일간의 발효 과정을 거친다. (종자에 따라 시간이 다르다.) 발효는 다음의 세 가지 목적으로 한다.

- 카카오 원두 주위를 싸고 있는 하얀 과육을 썩혀 부드럽게 만들어 취급하기 쉽게 한다.
- 발아하는 것을 막아 원두의 보존성을 좋게 한다.
- 카카오 특유의 아름다운 짙은 갈색으로 변하여 원두가 통통하게 충분히 부풀어 쓴맛, 신맛이 생겨 향 성분을 증가시킨다. 발효에는 충분한 온도(콩의 온도가 50℃ 정도)가 필요하고 전체적으로 골고루 발효시키기 위해서는 공기가 고루 닿도록 원두를 정성껏 섞어야 한다.

(3) 건조

발효시킨 카카오 원두는 수분량이 약 60% 정도지만 이것을 최적의 상태로 보존하기 위해서는 수분량을 8% 정도까지 내릴 필요가 있다. 그래서 이 작업이 필요하며, 카카오 원두를 커다란 판 위에 펼쳐 약 2주간 햇빛에 건조시킨다. 건조를 거친 카카오 원두는 커다란 마대 자루에 담아서 세계 각지로 수출한다.

(4) 선별, 보관

초콜릿 공장에 운반된 카카오 원두는 우선 품질 검사부터 한다. 홈이 파인 가늘고 긴 통을 마대 자루 끝에 꽂아 그 안에 들어 있는 카카오 원두를 꺼내어 곰팡이나 벌레 먹은 것이 없는지, 발효가 잘 되었는지 자세히 살펴보고, 그 후 온도가 일정하게 유지되는 청결한 장소에 보관한다.

(5) 세척

카카오 원두는 팬이 도는 기계에 돌려 이물질, 먼지를 제거하고 체에 쳐서 조심스럽게 닦는다.

(6) 로스팅

카카오 원두를 로스팅 한다. 이것은 수분과 휘발성분 타닌을 제거하며, 색상과 향이 살아나게 한다. 카카오 빈의 종류와 수분함량에 따라 차이를 두며 로스팅한다.

(7) 분쇄

로스팅한 카카오 원두는 홈이 파인 롤러로 밀어 곱게 해준다. 주위의 딱딱한 껍질이나 외피는 바람으로 날리고, 카카오니브Grue De Cacao라고 불리는 원두 부분만 남긴다.

(8) 배합

초콜릿의 품질을 알 수 있는 중요한 과정의 하나가 블렌드 작업이다. 여러 가지 카카오의 선택과 배합은 각 제조회사에서 설정하여 만든다.

(9) 정련

카카오니브에는 지방분(코코아버터)이 55％나 함유되어 있으며, 이것을 갈아 으깨면 걸쭉한 상태의 카카오 매스가 만들어진다. 블랙 초콜릿은 카카오 매스에 설탕과 유성분, 화이트 초콜릿은 카카오 버터에 설탕과 유성분을 넣어 기계로 섞어 만든다. 세로로 쌓인 실린더Cylinder 필름 모양의 매트가 붙은 롤러 사이에서 초콜릿이 으깨져 윗부분으로 감에 따라 고운 상태가 되고, 0.02mm의 입자가 될 때까지 섞어서 마무리한다. 별도의 작업으로 카카오 매스를 프레스 기계에 돌리면 카카오 버터와 카카오의 고형분으로 만들어지는데 이 고형분을 다시 섞어서 한번 냉각시켜 굳혀 가루 상태로 만든 것을 카카오파우더라 한다.

(10) 반죽, 숙성

반죽을 저어 입자를 균일하게 하는 공정으로 휘발성 향 제거, 수분감소, 향미증가, 균질화의 효과를 얻는다. 매끄러운 상태가 된 초콜릿은 다시 콘채Conche라 불리는 커다란 통에 넣어 반죽을 한다. 통은 봉 두 개로 끊임없이 섞으면서 약 24~74시간 동안 50~80℃에서 숙성시킨다. 이 시점에서 초콜릿의 상태를 보아 좀 더 매끄러워야 할 경우에는 카카오 버터를 첨가하며, 반죽하여 숙성하는 시간은 초콜릿의 종류에 따라 다르다. 특히 '그랑 크뤼Grand Cru'라 불리는 고급 초콜릿을 만들기에 중요한 작업으로 벨벳 같은 촉감과 반지르르한 윤기는 이렇게 만든다.

(11) 온도 조절과 성형

마지막으로 기계 안에서 초콜릿은 온도 조절(템퍼링)이 되고 안정화시킨 후, 컨베이어 시스템에 올려진 틀에 부어 냉각시킨 후 틀에서 꺼내 포장한다.

(12) 포장 및 숙성

은박지나 라벨로 포장하여 케이스에 담고 적당히 조정된 창고 안에서 일정기간 숙성시킨다. 이렇게 해서 초콜릿이 완성되어 유통된다.

3) 초콜릿의 종류 및 관련 재료

① 카카오 매스 : 버터 초콜릿이라고도 하며 "쓴 초콜릿"이다.

② 카카오 버터 : 커버추어를 좀 더 매끄럽게 하고 싶을 때나 가나슈 크림을 만들 때 부드럽고 풍부한 맛을 내기 위해 버터 대신 넣기도 한다.

③ 다크초콜릿 : 카카오 버터를 일정량 함유하고 있는 카카오 매스에 카카오 버터를 추가로 첨가했기 때문에 유지함량이 좀 더 높고 유동성이 좋으며 카카오 풍미도 강하다.

④ 밀크초콜릿 : 다크초콜릿의 구성 성분에 전지분유를 더한 것. 부드럽고 풍부한 맛이 특징이다.

⑤ 화이트초콜릿 : 초콜릿을 만들 때 초콜릿 특유의 다갈색을 내는 카카오 고형분을 뺀 나머지만으로 만들어진 것이다.

⑥ 커버추어 초콜릿 : 초콜릿의 원료. 초콜릿 맛이 나는 반죽을 만들거나 완성된 케이크를 코팅(중탕으로 녹여 사용) 혹은 장식(긁어서 사용)할 때 쓰인다.

⑦ 코코아 파우더 : 볶은 카카오를 분쇄해서 페이스트 상태(카카오리커)로 만든 후, 압착하여 카카오버터를 분리하고 그 나머지를 건조·분쇄한 것이 자연 상태의 100% 코코아파우

더Natural Cacao Powder이다. 이것은 붉은 갈색으로 쓰고 떫으며, 신맛이 강하다. 냄새 또한 강하며 기름기가 적다. 물에 잘 섞이지 않아서 음료용으로 쓰기보다는 제과에서 과자나 케이크 등을 만드는 데 쓰인다.

4) 템퍼링(Tempering)

초콜릿의 생명은 템퍼링이다. 템퍼링이란 온도에 따라 변화하는 결정을 안정된 결정 상태로 만들기 위해 온도를 맞추어 주는 작업이다. 템퍼링을 하는 이유는 초콜릿에 함유되어 있는 카카오 버터가 다른 성분과 분리되어, 카카오 버터가 떠버려서 전체를 균일하게 혼합할 필요가 있기 때문이다. 템퍼링 초콜릿의 온도는 30~32℃(초콜릿을 제조하기 위한 최적이 온도)로 유지시켜야 한다. 그래야 반유동성의 적당한 점성을 가진 피복하기 적합한 상태가 된다.

(1) 템퍼링 방법

① 수냉법 : 초콜릿을 잘게 자른 다음 40~50℃ 정도에서 중탕으로 녹인다. 중탕시킬 때 물이나 수증기가 들어가면 안 되며, 물을 넣은 용기보다 초콜릿을 넣은 용기가 크면 안전하다. 차가운 물에 중탕하여 25~27℃까지 낮춘 다음 다시 온도를 30~32℃로 올린다.(작업장온도는 18~20℃까지가 좋다.)

② 대리석법 : 초콜릿을 40~45℃로 용해해서 전체의 1/2~2/3을 대리석 위에 부어 조심스럽게 혼합하면서 온도를 낮춘다. 점도가 세어질 때 나머지 초콜릿에 넣고 용해하여 30~32℃로 맞춘다. (이때 대리석 온도는 15~20℃가 이상적)

③ **접종법** : 초콜릿을 완전히 용해한 다음 온도를 36℃로 낮추고 그 안에 템퍼링한 초콜릿을 잘게 부수어 용해한다. (이때 온도는 약 30~32℃까지 낮춘다.)

(2) 초콜릿 템퍼링 할 때 주의사항

① 템퍼링 할 때에는 최대한 작업 속도를 빠르게 한다.

② 커버추어Coverture 초콜릿을 잘라서 사용할 경우 균일하게 녹이기 위해 최대한 같은 크기로 고르게 자른다.

③ 초콜릿 녹일 때 온도가 50℃ 이상 올라가면 완성된 제품의 광택이 좋지 않다.

④ 템퍼링 작업을 시작하면 측면이나 바닥에 초콜릿이 붙지 않도록 계속 저어준다.

⑤ 템퍼링을 대리석 위에서 하는 경우 바닥의 수분을 깨끗이 제거한 후에 시작한다.

⑥ 초콜릿 볼에 물이나 수증기가 들어가지 않도록 한다.

⑦ 초콜릿은 온도에 민감하기 때문에 가급적 온도계를 사용하여 정확하게 한다.

(3) 초콜릿의 템퍼링 효과

① 광택을 좋게 하고 입에서 잘 녹게 한다.

② 결정이 빠르고 작업이 용이하다.

③ 몰드에서 꺼낼 때 쉽게 빠진다.

(4) 초콜릿 블룸 현상

① **팻블룸(Fat bloom)**: 굳히는 속도가 느리고 충분히 굳히지 않을 경우 늦게 고화하는 지방의 분자들이 표면에 결정을 이뤄 초콜릿 표면에 흰 얇은 막이 생기며, 곰팡이 핀 것처럼 보인다. 취급하는 방법이 적절하지 않거나 제품의 온도 변화가 심한 곳에 저장할 때도 생길 수 있다.

② **슈거블룸(Sugar bloom)**: 습도가 높은 곳에 오래 보관하거나, 급격하게 식혔을 때 표면에

회색빛 반점이 생기는 현상으로 초콜릿에 들어 있는 설탕이 습기를 빨아들여 녹아서 결정화가 된다.

5. 기타 아이싱 재료

① 화이트 퐁당(White Fondant) : 미리 만들어 두고 필요할 때마다 중탕하여, 제품의 윗면에 코팅 장식하기 위해 사용한다. 과일향이나 커피, 초콜릿 등을 녹여서 첨가하기도 한다.

② 로열 아이싱(Glace royale) : 분당, 달걀흰자, 레몬주스로 만든 아이싱icing으로 각종 과자에 장식용으로 이용한다. 프랑스어로는 글라스 루이얄glacd royale이라고 한다. 로열 아이싱은 만든 후에 마르면 딱딱해져서 각종 과자에 덧씌우거나 장식으로 짜놓는 데 이용한다. 표준 배합표는 달걀흰자 1개, 분당 150g, 레몬주스 3방울이다. 로열 아이싱을 만드는 방법은 우선 분당을 체 쳐서 달걀흰자와 잘 섞는다. 여기에 레몬주스를 3방울을 넣어주면 로열 아이싱이 완성된다. 이때 달걀흰자의 양은 용도에 따라 다른데, 바르기용은 묽은 것이 좋으므로 흰자를 조금 많이 넣고, 짜내기용은 단단하게 만드는 것이 좋으므로 달걀흰자를 조금만 넣어준다.

6. 기타 공예용 반죽

① 마지팬(Marzipan) : 마지팬은 아몬드 페이스트를 설탕과 혼합해 만든 반죽이다. 프랑스어로는 파트다망드Pâte d'amande라고 한다.

② 슈(Choux) : 슈는 프랑스어로 양배추라는 뜻이다. 구워진 상태의 외형이 마치 양배추와 같은 모양이라 해서 붙여진 이름이다.

③ 떡(운빼이) : 반죽, 슈거 페이스트Sugar paste, 마카롱Macaroon, 검 페이스트Gum paste 등

1) 공예 반죽하기

(1) 초콜릿 공예 반죽하기

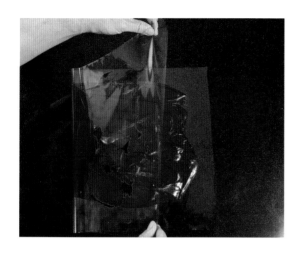

　단단한 초콜릿 공예품을 만들기 위해서는 플라스틱 초콜릿 제조법을 이해하고 있어야 작품을 만들 수 있다. 이 반죽의 유래는 1957년 스위스 코바coba 학교에서 처음 만들어졌다고 알려져 있다. 만드는 방법은 아래와 같다.

❶ 플라스틱 초콜릿(Plastic Chocolate) 제조

- 동절기 = 커버추어 초콜릿 200g 액상포도당(물엿) 70g
- 하절기 = 커버추어 초콜릿 200g 액상 포도당(물엿) 40~50g

❷ 플라스틱 초콜릿 만드는 공정

- 초콜릿을 중탕하여 녹인다(42~45℃)(화이트 초콜릿 36~38℃)
- 물엿의 온도를 42~45℃로 맞춘다.
- 초콜릿에 물엿을 넣고 가볍게 혼합한다.
- 비닐이나 용기에 담아 포장한 후 실온에서 24시간 동안 휴지 및 결정화시킨다.
- 매끄러운 상태가 될 때까지 치댄다.
- 밀폐용기에 담아서 보관한다.

● 사용할 때 치대서 다양한 모양의 초콜릿공예를 만든다.

(2) 마지팬 공예 반죽하기

마지팬은 매우 부드럽고 색을 들이기도 쉽기 때문에 식용색소로 색을 내어 꽃, 과일, 동물 등의 여러 가지 모양으로 만든다. 특히 얇은 종이처럼 말아서 케이크에 씌우거나 가늘게 잘라서 리본이나 나비매듭 등의 여러 가지 다양한 모양으로 만들기도 한다. 마지팬의 배합과 만드는 방법은 많으나 크게 2종류가 있는데, 독일식 로마세 마지팬rohmasse-marzipan은 설탕과 아몬드의 비율이 1:2로 아몬드의 양이 많아 과자의 주재료 또는 부재료로 사용된다.

프랑스식 마지팬Marzipan은 파트 다망드pate d'amand라고 하는데, 설탕과 아몬드의 비율이 2:1로 설탕의 결합이 훨씬 치밀해 결이 곱고 색깔이 흰색에 가까워서 향이나 색을 들이기 쉬워서 세공물을 만들거나 얇게 펴서 케이크 커버링에 사용한다.

❶ 로우 마지팬
아몬드(충분히 건조시킨 것) 2,000g
가루설탕 혹은 그라뉴당 1,000g
물 400~600ml

❷ 마지팬

아몬드(충분히 건조시킨 것) 1,000g

가루설탕 혹은 그라뉴당 2,000g

물 400~600ml

마지팬도 혼당과 같이 여러 가지 부재료를 첨가하여 풍미를 변화시킬 수 있으므로 많은 종류의 마지팬을 만들 수 있다. 가장 중요한 것은 마지팬의 수분함량 조절이다.

마지팬에 풍미를 곁들이기 위해 필요한 것을 섞어 초콜릿 마지팬, 커피 마지팬. 등을 만들 수 있고 아몬드와 설탕가루를 롤러로 분쇄하는 단계에서부터 과즙을 넣고 만든 후르츠 마지팬, 크림 마지팬 등 다양하게 만들 수 있다. 즉 풍미를 더하는 데 사용하는 것이 수분함량이 적은 경우는 기본 마지팬에 섞는 것만으로 문제가 없지만 수분이 많은 경우는 마지팬이 너무 부드러워서 안 좋다. 후레쉬 크림이나 과즙 등과 같이 풍미를 더하는 데 사용하는 경우 수분이 많으면 아몬드와 설탕가루로 마지팬을 만들 때 필요한 물을 그만큼 줄인다.

(3) 설탕공예 반죽하기

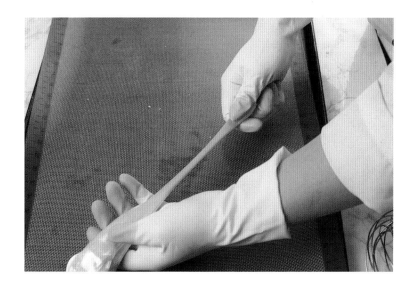

설탕공예란 설탕을 이용하여 다양한 방법으로 여러 가지 꽃과 동물, 과일, 카드 등의 장식물을 만드는 기술이다. 일반적으로 케이크 장식에 널리 사용되면서 설탕공예가 발달했고, 현재는 테이블 세팅, 액자, 집안을 꾸미는 소품 등으로 다양하게 활용된다. 설탕공예는 크게 프랑스식 설탕공예와 영국식 설탕공예로 나누어 볼 수 있다. 설탕을 녹여서 하는 프랑스식 설탕공예와 설탕반죽을 이용하는 영국식 설탕공예는 큰 차이가 있다. 프랑스식은 동냄비에 설탕을 끓여 만들고, 영국식은 분당, 즉 가루설탕을 주재료로 사용하는 설탕공예로 영국의 웨딩 케이크 역사에서 그 유래를 찾을 수 있다. 200여 년 전부터 영국에서는 과일 케이크 시트에 마지팬을 씌우고 그 위에 설탕반죽으로 만든 여러 가지 장식물을 얹어 케이크를 아름답게 장식했다.

(4) 영국식 설탕공예 기본 반죽하기

① 슈거 페이스트(Sugar Paste) : 케이크를 커버하거나 여러 가지 모형을 만들 때 사용한다. 주재료는 분당을 사용하며, 여기에 젤라틴, 물엿, 글리세린 등을 섞어서 만든다.
② 꽃 반죽(Flower Paste) : 주로 꽃을 만들 때 사용하며, 슈거 페이스트와 반반씩 섞어서 여러 가지 모형을 만드는 데 사용하며, 플라워 페이스트가 있으면 여러 가지 도구를 이용하여 우리가 흔히 볼 수 있는 거의 모든 꽃을 만들 수 있다.

(5) 프랑스식 설탕공예 기본 기법

① 쉬크르 티레(Sucre Tire) : 프랑스어로 티레는 잡아 늘인다는 뜻으로 즉 설탕을 녹여 치대어 반죽을 손으로 잡아 늘여서 꽃을 비롯하여 다양한 모양을 만들 때 사용하는 기법이다. 동냄비에 물과 설탕을 넣고 중불에서 끓여 만든다.
② 쉬크르 수플레(Sucre Souffle) : 설탕 반죽에 공기를 주입하는 기법으로 둥근 원형이나 과일, 새, 물고기 등과 같이 볼륨이 있는 것들을 만들 때 공기를 그 속에 주입하여 모양을 잡아주는 기법이다.
③ 쉬크르 쿨레(Sucre Coule) : 설탕용액을 끓인 후 바로 준비해둔 여러 가지 모양 틀에 부어서 굳힌 후에 사용하는 기법이다.

7. 아이싱(Icing)

아이싱은 제과에서 마무리 과정 중의 하나로 설탕을 위주로 한 재료를 과자 제품의 표면에 바르거나 피복하여 설탕 옷을 입혀 모양을 내는 장식이다. 아이싱 재료로는 물, 유지, 설탕, 향료, 식용 색소 등을 섞은 혼합물이며, 프랑스어로는 글라사주에 해당한다. 즉 다양한 과자류와 스펀지케이크 등 제품의 표면에 바르거나 적절한 재료로 씌우는 것을 말하며, 코팅Coating 또는 커버링Covering이라고도 부른다.

❶ 워터 아이싱(Water icing)

케이크나 스위스 롤에 바르는 투명한 아이싱으로, 물과 설탕으로 만들고, 때로는 흰자를 약간 섞기도 한다.

❷ 로열 아이싱(Royal icing)

웨딩케이크나 크리스마스 케이크에 고급스런 순백색의 장식을 위해 사용하는 것으로, 흰자에 슈거파우더를 섞고, 색소나 향료, 레몬즙, 아세트산을 더해 만들며, 상황에 따라서 물을 첨가하기도 한다. 로열 아이싱을 이용하여 아이싱 쿠키, 케이크에 선을 그리기도 하며, 아이싱 쿠키를 만들어 머핀이나 케이크 위에 장식물로 사용할 수도 있다.

❸ 퐁당 아이싱(Fondant icing)

설탕과 물(10: 2의 비율)을 115℃까지 가열하여 끓인 시럽을 40℃로 급냉시켜 치대면 결정이 희뿌연 상태의 퐁당이 된다. 각종 양과자의 표면과 아이싱에 이용한다. 일반적으로 퐁당은

에클레어Eclair 위 또는 케이크, 도넛 등 다양한 곳에 아이싱으로 많이 쓰인다.

8. 버터크림(Butter cream)

1) 배합표 및 공정

① 케이크 데코레이션 재료로 가장 많이 사용해온 크림이다. 생크림을 사용하기 전에는 케이크 데코레이션의 가장 중요한 재료로 아이싱과 파이핑, 모양짜기, 샌드용으로 사용된다.

② 버터크림에 있어 설탕은 유지에 미치는 영향이 매우 크다. 설탕 사용량에 따라서 크림 맛이 많이 다르다.

| 버터크림 기본 배합표 |

재료명	마가린(100%)	마가린/버터(각 50%)	컴파운더버터(100%)	버터(100%)
설탕	55~60%	50%	45%	40%
물(설탕 사용량에 따른 변화)	30	30	30	30
달걀	6	6	6	6
양주	2	2	2	2
코코아	8	8	8	8
초콜릿	20	20	20	20
커피	13	12	11	10

○ 제조공정(시럽법)

❶ 알루미늄 자루냄비에 물, 설탕을 넣고 끓인다(115~118℃).

❷ 믹싱 볼에 달걀을 풀어서 넣고 시럽을 부으면서 고속으로 거품을 올린다.

❸ 체에 부어서 걸러준 다음 식힌다. 다시 믹서에 넣고 기계를 돌리면서 버터를 넣어준다.

2) 이탈리안 머랭을 이용한 버터크림(cream au beurre a la meringue italienne)

설탕 600g, 물 150g, 달걀흰자 5개(150g), 버터 1000g, 브랜디 30g

 만드는 과정

❶ 알루미늄 자루냄비에 물, 설탕을 넣고 끓인다(118℃).

❷ ①이 끓기 시작하면 흰자 거품을 올린다.

❸ 118℃까지 끓인 시럽을 ②에 넣으면서 중속으로 거품을 올린다.

❹ ③을 35℃까지 식힌 후 실온 상태의 버터를 넣고 거품을 올린다.

3) 커스터드크림 만들기

커스터드크림은 우유, 설탕, 달걀의 혼합물이며, 여기에 밀가루나 전분을 더하여 젤 상태로 만든 것을 말한다.

① 우유에 설탕, 유지, 달걀, 전분 등을 넣고 가열하여 호화시켜 페이스트 상태로 만든다.

② 커스터드크림의 기본 배합은 우유 100%에 대하여 설탕 30~35%, 밀가루와 옥수수전분 6.5~14%, 난황 3.5%를 기본으로 하는데 난황은 전란으로 대체할 수 있고 옥수수가루나 밀가루 단독으로 사용할 수도 있으며, 혼합해서 사용하면 깊은 맛을 낼 수 있다.

③ 설탕을 50% 이상 넣으면 전분의 호화가 어려워 끈적이는 상태가 된다.

배합표

우유 450g, 버터 45g, 노른자 5개, 설탕 115g, 박력분 55g, 바닐라 빈 1개, 소금 2g

만드는 과정

❶ 우유에 바닐라 빈을 넣고 뜨겁게 데운다(95℃).

❷ 설탕, 노른자, 소금을 섞어준다.

❸ 체 친 밀가루를 섞어준다.

❹ ①+③을 섞어 불 위에서 걸쭉한 단계까지 저어준다.

4) 케이크의 기본 스펀지케이크 만들기

스펀지 형태로 구운 서양과자의 하나이다. 달걀에 설탕, 소금을 넣고 거품을 올려서 밀가루를 섞어 오븐에서 구워 스펀지 모양으로 부풀게 굽는다. 달걀의 기포성을 이용한 케이크로 대표적인 것은 카스텔라, 롤 케이크, 시폰케이크 등 많이 있다.

(1) 기본 스펀지케이크 시트 만들기

기본적인 스펀지케이크는 보통 버터나 식용유 같은 지방과 베이킹파우더 같은 팽창제 없이 만든다. 흰자와 노른자를 분리하지 않고 거품을 내는 공립법과 흰자와 노른자를 분리하여 흰자로 머랭을 만든 다음 다시 합치는 별립법이 있다. 별립법이 만들기는 어렵지만 공립법보다 폭신한 식감이 생긴다. 공립법이라고 만들기 쉬운 것은 아니어서, 중탕법과 믹서를 사용하지 않으면 달걀 거품내기가 쉽지 않다.

❶ 기본적인 스펀지케이크 시트 만들기

스펀지 레시피

박력분 500g, 설탕 600g, 달걀 1000g, 소금 4g, 바닐라 향 2g

만드는 과정

❶ 달걀에 설탕, 소금을 넣고 거품을 올린다.
❷ 밀가루, 바닐라 향을 체 친 다음 넣고 섞어준다.
❸ 팬에 반죽을 70~75% 넣고 오븐에 넣는다.
❹ 오븐온도 170~175℃, 굽는 시간 30~40분(스펀지시트 크기와 오븐에 들어가는 개수에 따라 시간이 달라질 수 있기 때문에 확인하여야 한다)

❷ 현장에서 많이 사용하는 스펀지케이크 시트 만들기

최근 현장에서는 스펀지믹스파우더를 사용하거나 유화제를 넣고 만드는 레시피를 사용하고 있다. 이 레시피 하나를 잘 사용하면 다양한 맛을 내는 스펀지케이크를 만들 수 있다(코코아, 커피, 녹차가루 등). 들어가는 재료에 따라 초콜릿스펀지케이크, 커피스펀지케이크, 녹차스펀지케이크가 된다.

스펀지 레시피

달걀 1000g, 설탕 550g, 박력분 500g, 베이킹파우더 10g, 유화제 30g,
우유 100g, 식용유 100g, 버터100g

만드는 과정

❶ 달걀, 설탕, 박력분, 베이킹파우더, 유화제를 넣고 거품을 올린다.

❷ 우유를 넣고 섞어준다.

❸ 식용유를 넣어준다.

❹ 버터를 녹여서 넣고 섞어준다.

❺ 오븐온도 170~175℃에서 25~30분간 굽는다.

❸ 레몬 쉬폰스펀지 만들기

노른자 200g, 소금 2g, 설탕(A) 100g, 물엿 50g, 레몬 3개, 흰자 400g, 설탕(B) 300g, 식용유 180g, 물 175g, 박력분 370g, 베이킹파우더 10g, 레몬주스 50g

만드는 과정

❶ 먼저 레몬 제스트(껍질)를 내고 반 자른 다음 레몬즙을 내서 제스트와 섞어 놓는다.

❷ 노른자에 소금, 설탕(A), 물엿을 넣고 거품을 올린다.

❸ 섞어놓은 레몬 제스트와 레몬즙을 ②에 섞어준다.

❹ 식용유를 ③에 섞어준다.

❺ 물을 ④에 섞어준다.

❻ 레몬주스를 ⑤에 섞어준다.

❼ 흰자 거품을 내어 설탕(B)을 넣고 머랭을 만든다.

❽ 박력분 베이킹파우더를 체 친 다음 ⑥에 섞어준다.

❾ 머랭을 2~3회 나누어 ⑧에 넣고 반죽한다.

❿ 쉬폰 팬에 물을 뿌리고 반죽을 80% 채워 오븐에서 굽는다.

❹ 초코 쉬폰케이크 데코레이션

노른자 225g, 설탕(A) 70g, 흰자 215g, 설탕(B) 200g, 박력분 240g

베이킹파우더 6g, 따뜻한 물 180g, 식용유 120g, 코코아 54g

만드는 과정

❶ 노른자에 설탕(A)을 넣고 거품을 올려준다.

❷ 흰자와 설탕(B)로 머랭을 만들어준다(80~90%).

❸ 박력분과 베이킹파우더를 체 친다.

❹ 따뜻한 물에 코코아파우더를 넣고 섞어준 다음 ①에 넣고 섞는다.

❺ ④에 식용유를 섞어준다.

❻ ⑤에 머랭 1/3을 넣어 살짝 섞어준 후 체 친 밀가루, 베이킹파우더를 넣고 반죽한다.

❼ 머랭 1/3을 ⑥에 넣고 섞어준다.

❽ 나머지 머랭을 모두 넣고 섞어준다.

❾ 쉬폰 팬에 물을 뿌리고 반죽을 80% 채워 오븐에서 굽는다(170/180℃, 35~40분).

⑤ 녹차 쉬폰스펀지 만들기

흰자 300g, 설탕(A) 135g, 노른자 105g, 설탕(B) 337g, 소금 2g, 식용유 100g

녹차파우더10g, 물100g, 박력분 130g, 아몬드파우더 34g, 베이킹파우더 4g

만드는 과정

❶ 노른자에 설탕(A), 소금을 넣고 거품을 올려준다.

❷ 흰자와 설탕(B)으로 머랭을 올려준다(80~90%).

❸ 녹차파우더와 물을 섞어준 다음 ①에 섞어준다.

❹ 식용유를 ③에 섞어준다.

❺ 박력분과 아몬드파우더, 베이킹파우더를 체 친다.

❻ ④에 머랭 1/3을 넣고 살짝 섞어준 후 체 친 가루를 섞어준다.

❼ 머랭 1/3을 더 넣고 섞어준다.

❽ 나머지 머랭을 넣고 섞어준다.

❾ 쉬폰 팬에 물을 뿌리고 반죽을 80% 채워 오븐에서 굽는다(170/180℃, 35~40분).

❻ 마지팬 케이크, 슈거크래프트 케이크 만드는 데 필요한 케이크시트

과일케이크 만들기

버터 480g, 설탕 400g, 달걀 8개

박력분 500g, 베이킹파우더 10g, 소금 4g

과일 400g(믹스 필, 살구, 자두, 크랜베리)

* 과일은 만들기 하루 전에는 전처리해놓는 것이 좋다.

* 과일 전처리는 과일에 럼을 적당하게 넣고 섞어 냉장고에 넣어두고 사용하면 된다.

* 파운드케이크, 슈톨렌 등 많이 사용하는 시즌에는 큰 플라스틱에 많은 양의 과일을 전처리해 놓고 필요에 따라
  사용할 만큼 가져다 쓴다.

만드는 과정

❶ 설탕, 버터, 소금을 볼에 넣고 크림화시킨다.

❷ 달걀을 조금씩 넣어준다.

❸ 체 친 밀가루와 베이킹파우더를 섞어준다.

❹ 전처리한 과일을 넣고 섞어준다.

❺ 오븐온도 175℃에서 30~40분간 굽는다.

❻ 시트 크기와 오븐에 들어가는 개수에 따라 시간이 달라질 수 있기 때문에 확인하여야 한다.

CAKE
DECORATION
TECHNIC

3
CHAPTER

제과 이론

제과 이론

1. 제빵 · 제과를 구분하는 기준

제과와 제빵을 구분하는 기준은 다양하게 있으나 그중에서도 이스트의 사용 유무가 제일 중요한 기준이며, 배합비율, 밀가루의 종류, 반죽상태, 제품의 주재료 등에 따라 분류한다.

2. 팽창 형태에 따른 분류

❶ 화학적 팽창(chemically leavened)

베이킹파우더, 중조, 암모늄 같은 화학 팽창제를 사용하여 제품을 팽창시키는 방법으로 반죽형 케이크가 대부분 여기에 속한다. 케이크도넛, 과일케이크, 파운드케이크, 머핀 케이크, 쿠키류, 핫케이크 등이 있다.

❷ 공기 팽창(Air leavened)

달걀을 사용하여 거품을 올려 포집된 공기에 의해서 반죽의 부피를 팽창시키는 방법으로 스펀지케이크Sponge cake, 시퐁 케이크Chiffon cake, 엔젤 푸드 케이크angel food cake, 머랭Meringue, 마카롱Macaroon 등이 있다.

❸ 유지 팽창(Fat leavened)

밀가루 반죽에 충전용 유지를 넣고 밀어 펴기를 하여 결을 만들어 굽는 동안에 유지의 수분이 증발하여 반죽을 팽창시키는 방법으로 퍼프 페이스트리Puff pastry, 데니쉬 페이스트리Danish pastry 등이 있다.

❹ 무 팽창((not leavened)

반죽에서 팽창을 하지 않는 방법으로 쿠키, 타르트의 기본 반죽, 파이껍질 등이 있다.

❺ 복합형 팽창(Combination leavened)

다양한 종류의 팽창형태를 겸한 것으로 공기팽창과 이스트, 공기팽창과 베이킹파우더, 이스트와 베이킹파우더 등 공기팽창과 화학팽창을 혼합하는 형태를 말한다.

3. 제과반죽에 따른 분류

제과반죽은 제품의 외향이나 배합률, 제품의 특성에 따라서 분류한다.

1) 반죽형 케이크

반죽형 케이크는 밀가루, 설탕, 달걀, 우유 등의 재료에 의하여 케이크 구조를 형성하고 상당량의 유지를 사용하며, 완제품의 부피는 베이킹파우더와 같은 화학적 팽창제에 의존하며, 부피 정도에 따라 식감이 다르다. 파운드케이크, 레이어 케이크, 과일 케이크, 컵케이크, 바움쿠헨, 초콜릿 케이크, 마들렌 등이 있다.

❶ 크림법(Creaming method)

반죽형 케이크의 대표적인 반죽법으로 유지와 설탕을 부드럽게 만든 후 달걀 등의 액체 재료를 서서히 투입하면서, 부드러운 크림을 만들고 마지막으로 체 친 가루재료를 넣고 가볍게 혼합하는 전통적인 방법의 믹싱법으로 부피가 큰 제품을 얻을 수 있는 장점과 유연감이 적은 단점이 있다.

❷ 블렌딩법(Blending method)

유지와 밀가루를 믹싱 볼에 넣고 밀가루가 유지에 의해 가볍게 코팅되도록 한 후 다른 건조재료와 액체재료를 일부 넣고 부드럽게 혼합한다. 마지막으로 나머지 액체 재료 등을 넣으면서 덩어리가 없는 균일한 상태의 반죽을 만드는 방법이다. 밀가루는 액체와 결합하기 전에 유지로 코팅되어 글루텐이 형성되지 않기 때문에 제품의 조직을 부드럽게 하고, 유연감은 좋으나 부피가 작다. 파이껍질 등 부피가 많이 형성되지 않는 제품을 만들 때 사용한다.

❸ 설탕물법(sugar water method)

설탕 2 : 물 1로 액당을 만들고 건조재료 등과 달걀을 넣어 반죽하는 것으로 양질의 제품 생산과 운반의 편리성으로 규모가 큰 양산업체에서 사용하며, 대량생산이 가능하고 설탕 입자가 없으므로 제품이 균일하고 속결이 고운 제품, 포장 공정 단축, 포장비 절감 등의 장점이 있으나 액당 저장탱크, 이송파이프 등 시설비가 많이 드는 단점이 있다.

❹ 단단계법(single stage method)

제품에 사용되는 모든 재료를 한꺼번에 넣고 반죽하는 방법으로 노동력과 제조 시간이 절약되고 대량생산이 가능하다. 단점으로는 성능이 우수한 믹서를 사용해야 하며, 팽창제나 유화제를 사용하는 것이 좋으며, 믹싱시간에 따라 반죽의 특성을 다르게 해야 한다는 것이다.

2) 반죽형 케이크 작업 시 주의사항

① 볼에 유지와 설탕을 넣고 충분히 크림화(5~8분)한 후 반죽의 색깔이 변화되면 달걀을 소량씩 나누어 넣는 것이 중요하며, 한 번에 많이 넣으면 분리가 일어난다. 쿠키류를 제외한 대부분의 제품은 설탕을 완전히 용해시켜야 한다.

② 날씨가 추워서 또는 냉장 보관한 단단한 유지를 바로 사용해야 할 때는 가스 불 혹은 전자레인지를 사용해 녹지 않을 정도로 부드러운 상태가 되어야 크림화가 잘 이루어진다.

③ 균일한 반죽을 얻기 위해서는 반죽하는 과정에서 볼 측면과 바닥을 고무 주걱으로 수시로 긁어 주는 것이 중요하다.

④ 많은 양의 달걀을 빠른 시간 안에 넣을 때는 소량의 분유 또는 밀가루를 첨가하면 수분을 흡수해 크림이 분리되는 것을 막을 수 있다.

⑤ 밀가루와 유지를 섞을 때는 천천히 골고루 혼합하여, 밀가루가 날리지 않게 하고 덩어리가 지지 않도록 조심한다.

4. 거품형(Foam type) 케이크

달걀 단백질의 교반으로 신장성과 기포성, 변성에 의해 부피가 팽창하여 케이크 구조가 형성되며, 일반적으로 유지를 사용하지 않으나 유지를 사용할 경우 반죽의 최종단계에 넣고 마무리한다. 거품형 케이크의 특징은 해면성이 크며 제품이 가볍다는 것이다. 스펀지케이크, 젤리롤케이크, 엔젤 푸드 케이크, 버터스펀지케이크, 달걀흰자만 사용하는 머랭meringue 등이 있다.

(1) 공립법

달걀흰자와 노른자를 다 같이 넣고 설탕을 더하여 거품을 내는 방법으로 공정이 간단하며, 더운 반죽법hot sponge method과 찬 반죽법cold sponge method이 있다. 더운 반죽법은 달걀과 설탕을 중탕하여 저어서 38~45℃까지 데운 후 거품을 올리는 방법이다. 고율배합에 사용하며 기포성이 양호하고 설탕의 용해도가 좋아 껍질색이 균일하다. 찬 반죽법은 현장에서 가장 많이 사용하는 방법으로 달걀에 설탕을 넣고 거품을 내는 형태로 베이킹파우더를 사용할 수도 있으며, 반죽온도는 22~24℃로 저율배합에 적합하다.

(2) 별립법

달걀의 노른자와 흰자를 분리하여 각각에 설탕을 넣고 거품을 올리는 방법으로 기포가 단단하기 때문에 짤주머니로 짜서 굽는 제품에 많이 사용하며, 다른 재료와 함께 노른자 반죽, 흰자 반죽을 혼합하여 제품의 부피가 크고 부드럽다. 별립법 반죽을 할 때는 다음과 같이 한다.

- 볼에 흰자와 노른자를 나눠 각각에 설탕을 따로따로 넣고 거품을 올린다.
- 노른자 거품에 머랭의 1/3 또는 1/2을 넣고 섞어준 후 가루 재료와 혼합한다.
- 나머지 머랭을 넣고 가볍게 혼합한다.

(3) 제누아즈법

스펀지케이크 반죽에 버터를 녹여서 넣고 만든 방법으로 달걀의 풍미와 버터의 풍미가 더해져 맛이 뛰어나며, 제품이 부드럽다. 버터는 중탕으로 50~60℃에서 녹여서 사용하며 반죽의 마지막 단계에 넣고 가볍게 섞는다.

(4) 시퐁법 반죽하기

별립법처럼 달걀을 흰자와 노른자로 나누어서 믹싱을 하나 노른자는 거품을 내지 않고 다른 재료와 섞어 반죽형으로 하고, 흰자는 설탕과 섞어 머랭을 만들어 화학팽창제를 첨가하여 팽창 시킨 반죽이다. 즉 반죽형과 거품형을 조합한 방법으로 제품의 기공과 조직의 부드러움이 좋으며, 레몬시퐁케이크 녹차시퐁 케이크, 초코시퐁케이크 등이 있다.

(5) 머랭(meringue)법

거품형 케이크의 일종으로 달걀흰자만을 이용하여 과자와 디저트에 많이 쓰이며, 설탕을 넣는 방법에 따라 특성이 달라진다. 크게 나누면 익힌 것과 익히지 않은 것에 따라, 프렌치 머랭, 이탈리안 머랭, 스위스 머랭 등으로 나뉜다.

❶ 이탈리안 머랭(Italian meringue)

- 알루미늄 자루냄비에 물, 설탕을 넣고 끓인다(118℃).
- 거품 올린 흰자에 끓인 설탕시럽을 부어주면서 머랭을 만든다.
- 무스케이크와 같이 굽지 않는 케이크, 타르트, 디저트 등에 사용하며, 버터크림, 커스터드 크림 등에 섞어 사용하기도 한다.

❷ 스위스 머랭(Swiss meringue)

● 스위스 머랭은 달걀흰자와 설탕을 믹싱 볼에 넣고 잘 혼합한 후에 중탕하여 45~50℃가 되게 한다.

● 달걀흰자에 설탕이 완전히 녹으면 볼을 믹서에 옮겨 팽팽한 정도가 될 때까지 거품을 낸다.

● 슈거파우더를 소량 첨가하여 각종 장식 모양(머랭 꽃, 머랭 동물, 머랭 쿠키 등)을 만들때 사용한다.

❸ 찬 머랭(cold meringue)

● 달걀흰자 거품을 올리면서 설탕을 조금씩 넣어주며 만드는 머랭이다.

● 만드는 목적에 따라 설탕과 흰자의 비율이 달라지며, 머랭의 강도를 조절하여 만든다.

● 머랭의 강도는 젖은 피크(50~60%), 중간피크(80~90%), 강한 피크로 나눌 수 있다.

❹ 더운 머랭(hot meringue)

● 설탕과 흰자를 중탕하여 설탕의 입자를 녹인 후 거품을 충분히 올린다.

● 결이 조밀하고 강한 머랭이 만들어진다.

❺ 머랭을 만들 때 주의할 사항

● 흰자를 분리할 때 노른자가 들어가지 않도록 한다.

● 믹싱 볼이 깨끗해야 한다(기름기나 물기가 없어야 함).

● 거품을 올릴 때는 빠르게 하고 나중에는 속도를 줄여 기포를 작게 하여 단단한 머랭이 되도록 한다.

❻ 거품형 케이크 작업 시 주의사항

● 달걀흰자로 머랭을 제조할 때 사용하는 도구에는 기름기가 없게 한다.

● 중탕 온도가 45℃ 이상 되면 달걀이 익어서 완제품의 속결이 좋지 않고 부피가 줄어들 수 있으므로 주의한다.

● 달걀 거품은 저속 → 중속 → 고속 순으로 믹싱하다가 다시 중속으로 믹싱하여 기포가 균일하게 한 뒤에 내려서 반죽한다.

- 가루재료, 밀가루, 베이킹파우더 등은 체 친 후 덩어리가 생기지 않게 섞어준다. 반죽을 많이 할 경우 글루텐 발전이 생겨 부피가 작고 단단한 제품이 될 수 있으니 유의한다.
- 식용유나 용해한 버터를 넣을 때는 반죽을 조금 덜어 섞은 다음 전체 반죽에 넣는다. 많은 양의 액체 재료를 넣을 때는 비중이 높아 액체가 가라앉기 때문에 위아래 부분을 골고루 잘 섞어준다.
- 거품형 케이크는 수분 증발로 수축이 심하게 발생하게 되는데, 오븐에서 꺼내는 즉시 바닥에 약간 내리쳐 충격을 주면 수축을 줄일 수 있다. 팬 사용 시 제품을 빠른 시간 내에 빼내야만 수축하는 것을 방지할 수 있다.

5. 제과반죽에서 재료의 기능

1) 밀가루(Flour)

① 구조형성: 밀가루와 달걀 등의 단백질이 제품의 뼈대를 형성한다.
② 연질소맥에서 얻는 박력분 단백질함량 7~9%, 회분함량 0.4 이하, pH 5.2
③ 밀가루 특유의 향이 제품의 향에 영향을 미친다.

2) 설탕(Sugar)

① 감미 : 설탕 고유의 단맛을 내는 감미제로 전체 제품의 맛을 좌우한다.
② 껍질색 : 캐러멜화 또는 갈변반응에 의해 제품의 껍질색을 낸다.
③ 수분 보유력을 높여 노화를 지연시키고 신선도를 유지한다.
④ 연화작용을 하여 제품을 부드럽게 한다.

3) 유지(Fat and Oil)

① 크림성 : 믹싱 시 공기를 혼입하여 크림이 되는
　성질. 반죽형 케이크에서 크림법 제조

② 쇼트닝성(기능성) 제품을 부드럽게 하거나 바삭
　함을 주는 성질(쿠키, 크래커) 이용

③ 신장성 : 파이 제조 시 유지를 반죽에 감싸 밀 때
　반죽 사이에서 밀어 펴지는 성질(퍼프페이스트리
　충전용 버터)

④ 안정성 : 유지가 산소에 의해 산패에 견디는 성질(튀김류)

⑤ 가소성 : 온도 변화에 상관없이 항상 그 형태를 유지하려는 성질(페이스트리 충전용 버터)

4) 달걀(Egg)

① 구조형성 : 달걀의 단백질이 밀가루의 단백질을
　보완한다.

② 수분공급 : 전란의 75%가 수분이다.

③ 결합제 : 커스터드크림을 엉기게 한다.

④ 팽창작용 : 반죽 중 공기를 혼입하므로 굽기 중에
　팽창한다.

⑤ 유화제 : 노른자의 레시틴이 유화작용을 한다.

5) 우유(Milk)

우유 속에 들어있는 유당은 다른 당과 함께 껍질색
을 내며, 수분을 보유하여 제품의 노화를 지연시키고
제품을 신선하게 오래 보관할 수 있게 해준다.

6) 물(water)

반죽의 되기를 조절하고, 제품의 식감을 조절한다. 또한 글루텐 형성에 필수적이며, 재료를 물에 녹여 넣고 만들어야 하는 제품에는 일관성을 부여한다.

7) 소금(Salt)

다른 재료들의 맛을 나게 하며, 설탕이 많을 시 단맛을 순화시켜 주고 적을 시 단맛을 증진시켜 준다.

8) 향료 · 향신료(Spice)

특유의 향 냄새로 인해 제품을 차별화시키고 향미를 개선한다.

9) 베이킹파우더(Baking powder)

제품에 부드러움을 주는 연화작용과 팽창작용에 의한 기공과 크기를 조절해준다. 산성재료이므로 완제품의 색과 맛에 영향을 미친다.

CAKE
DECORATION
TECHNIC

4

CHAPTER

제과 공정 순서

제과 공정 순서

반죽법 결정 ⋯ 배합표 작성 ⋯ 재료계량 ⋯ 전처리 ⋯ 반죽 ⋯ 정형 ⋯ 패닝 ⋯ 굽기, 튀기기 ⋯ 장식 ⋯ 포장

1. 반죽법

결정제품의 종류와 특성, 들어가는 재료에 따라 반죽법을 결정한다.

2. 배합표 작성과 재료 계량하기

① 원하는 제품을 만들기 위해서는 제품의 특성을 파악하고 필요한 재료의 양을 정확하게 계산해야 하며, 재료의 기능과 역할을 이해하고 배합표의 작성이 필요하다.

② 배합표 작성은 제품생산량에 따라 필요한 양을 조절할 수 있어야 한다.

③ 배합량 계산법

● 밀가루의 무게(g) = $\dfrac{\text{밀가루 비율(\%)} \times \text{총 반죽 무게(g)}}{\text{총 배합률(\%)}}$

● 각 재료의 무게(g) = $\dfrac{\text{총 배합률(\%)} \times \text{밀가루 무게(g)}}{\text{밀가루 비율(\%)}}$

$$\text{총 반죽 무게(g)} = \frac{\text{총 배합률(\%)} \times \text{밀가루 무게(g)}}{\text{밀가루 비율(\%)}}$$

$$\text{트루퍼센트} = \frac{\text{각 재료의 중량(g)}}{\text{총 재료 중량(\%)}} \times 100$$

3. 재료의 전처리

건조 재료의 경우 이물질을 제거하고 덩어리지는 것을 방지하며, 두 가지 이상의 재료 혼합을 용이하게 하고 분산성을 위해 체로 쳐서 준비한다. 건조 과일의 경우 풍미 향상, 식감 개선과 제품 내부의 수분이 건조 과일의 이동을 최소화하기 위해 전처리 과정을 거친다.

① 가루 종류의 전처리Sifting는 고운체를 이용하여 바닥면과 너무 가까이 치지 않고 적당한 거리를 두고 공기 혼입이 잘되도록 체질한다.

② 건조 과일의 전처리 방법은 건포도의 경우 건포도의 12%에 해당하는 27℃의 물을 첨가하여 4시간 후에 사용하거나, 건포도가 잠길 만한 물을 넣고 10분 이상 두었다가 체에 밭쳐 사용하며, 기타 건조 과일은 용도에 따라 자르거나 술에 담갔다가 사용한다.

③ 견과류의 경우 제품의 용도에 따라 오븐에 굽거나 팬에 볶아서 사용한다.

4. 제과 반죽온도

반죽온도는 케이크 제조 시 매우 중요하다. 반죽온도에 영향을 미치는 요인은 사용하는 각 재료의 온도와 실내온도, 장비온도, 믹싱법 등에 따라 반죽온도가 다르게 나타난다.

① 반죽온도는 제품의 굽는 시간에 영향을 주어서 수분, 팽창, 표피 등에 변화를 준다.

② 낮은 반죽의 온도는 기공이 조밀하고 부피가 작아지며 식감이 나쁘고, 높은 온도는 열린 기공으로 조직이 거칠고 노화가 되기 쉽다.

③ 반죽형 반죽법에서 반죽온도는 유지의 크림화에 영향을 미치는데 유지의 온도가 22~23℃일 때 수분함량이 가장 크고 크림성이 좋다.

5. 제과 반죽온도 계산법

- 계산된 물 온도 = 희망반죽온도 × 6 - (실내온도 + 밀가루온도 + 설탕온도 + 달걀온도 + 쇼트닝온도 + 마찰계수)
- 마찰계수 = 결과반죽온도 × 6 - (밀가루온도 + 실내온도 + 설탕온도 + 쇼트닝온도 + 달걀온도 + 수돗물온도)
- 얼음 사용량(g) = 물 사용량 × (수돗물온도 + 사용할 물의 온도)/80 + 수돗물온도

6. 반죽온도의 영향

제품을 만드는 과정에서 믹싱하는 동안 반죽온도는 반죽의 공기포집 정도와 점도에 영향을 주어 반죽과 최종 제품의 품질에 영향을 미친다.

1) 반죽온도가 제품에 미치는 영향

❶ 반죽온도가 정상보다 낮을 경우

- 제품의 내상 기공이 조밀하고 서로 붙어 있다.
- 제품의 부피가 작다.
- 굽는 시간이 길어지고 껍질이 좋지 않다.
- 식감이 나쁘다.

❷ 반죽온도가 정상보다 높을 경우

- 열린 기공으로 내상이 좋지 않다.
- 거친 조직으로 노화가 가속된다.
- 유지의 유동성 부족으로 공기포집력이 저하된다.

7. 반죽의 비중(specific gravity)

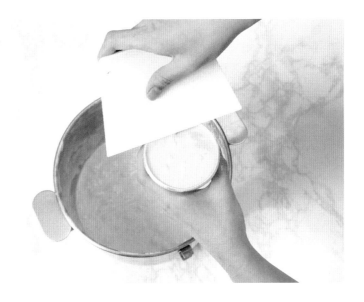

반죽의 공기 혼입 정도를 수치로 나타낸 값을 말한다. 즉 같은 용적의 물 무게에 대한 반죽 무게(물 무게 기준)를 나타낸 값을 비중이라고 한다. 비중은 제품의 부피와 외형에도 영향을 주지만 내부 기공과 조직에도 밀접한 관계가 있기 때문에 반드시 적정한 비중을 만들어주는 것이 중요하다. 비중이 높을수록 기공이 조밀하고 조직이 무거우며, 구워 나왔을 때 제품이 단단하고 작은 부피를 가지며, 비중이 낮을수록 열린 기공으로 제품의 기공이 크고 조직이 거칠며, 부피가 큰 제품이 나온다. 제품의 종류에 따라 반죽의 비중이 다르기 때문에 그에 맞는 비중을 맞추어야 한다. 또한 비중은 일정한 무게로 제품을 만들 때 부피에 많은 영향을 미치며, 제품의 부드러움과 조직, 기공, 맛, 향에도 중요한 인자이다.

1) 비중계산법

비중 컵을 이용하여 비중을 측정하며 비중계산 시에 컵의 무게는 빼고 반죽무게와 물의 무게로만 계산한다.

● 비중 = $\dfrac{(\text{컵 무게} + \text{반죽무게}) - \text{컵무게}}{(\text{컵 무게} + \text{물 무게}) - \text{컵무게}}$ = 반죽무게

2) 반죽과 pH(Batter pH)

케이크 각 제품은 각기 고유의 pH범위를 가지며, pH가 낮은 반죽(산성)으로 구운 제품은 신 맛이 나며, 기공이 열리고 두껍다. pH가 높으면 소다맛과 비누맛이 나고, 조밀한 내상과 내부 기공이 작아 부피가 작은 제품이 된다. 많이 사용하는 재료가 pH에 영향을 주며 주석산, 시럽, 주스, 버터밀크, 특수한 유화제, 과일, 산, 염 등은 pH를 낮춘다. 코코아, 달걀, 소다 등은 pH 를 높인다. 반죽의 pH는 팽창제에 의해 조절된다. pH의 경우 알칼리성은 색과 향을 강하게 하 며(진한 색), 산성은 색과 향을 엷게 한다(밝은색). 산도란 용액 속에 들어있는 수소이온의 농 도를 나타내며, 범위는 pH 1~pH 14 표시를 한다. 최상의 제품을 만들기 위해서는 각 제품의 특성에 맞는 적정한 산도를 맞춰야 하며, 제품별 적정 산도와 특성은 아래와 같다.

(1) 제품별 적정 산도

❶ 제품의 종류에 따른 적정 산도

① 엔젤 푸드 케이크 pH 5.2~6.0

② 파운드 케이크 pH 6.6~7.1

③ 옐로 레이어 케이크 pH 7.2~7.6

④ 스펀지케이크 pH 7.3~7.6

⑤ 초콜릿 케이크 pH 7.8~8.8

⑥ 데블스푸드 케이크 pH 8.5~9.2

❷ 산도가 적정 범위를 벗어난 경우 일반적인 특성

가. 산성이 강한 경우

● 제품의 부피가 작다. 소다 맛이 난다.

● 제품 속의 기공이 곱다.

● 향이 연하다.

● 쏘는 맛이 난다.

● 껍질색이 엷다.

나. 알칼리성 강한 경우

● 소다 맛이 난다.

● 제품 속의 기공이 거칠다.

● 제품의 내상 색깔이 어둡다.

● 향이 강하다.

● 껍질색이 진하다.

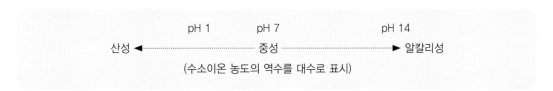

pH 1   pH 7   pH 14

산성 ◄┈┈┈┈┈┈┈┈ 중성 ┈┈┈┈┈┈┈┈► 알칼리성

(수소이온 농도의 역수를 대수로 표시)

8. 성형 및 팬 부피

제품의 종류 및 각각의 반죽특성과 모양에 따라 접어서 밀기, 찍어내기, 짜내기, 다양한 몰드에 채우기 등 여러 가지 방법이 있다.

1) 패닝

반죽무게 구하는 공식은 다음과 같다.

$$\text{반죽무게} = \frac{\text{물 부피}}{\text{비용적}}$$

2) 팬 부피

케이크의 종류에 따라 반죽의 특성이 다르고 비중이 다르기 때문에 동일한 팬 부피에 대한 반죽의 양도 다르며 팬 부피에 비하여 반죽양이 너무 많거나 적은 양의 반죽을 분할하여 구우면 오븐에서 나왔을 때 모양이 예쁘지 않고 상품으로서의 가치가 없어져 판매가 어려워지므로 재료 손실과 매출액에 영향을 미친다.

3) 케이크 굽기

케이크 반죽은 분할하여 패닝이 끝나면 빨리 오븐에 넣어야 한다. 대부분의 반죽에 베이킹파우더가 들어가기 때문에 시간이 지나면 이산화탄소가 방출되어 굽기가 끝나고 오븐에서 나왔을 때 부피가 작아지고 기공이 균일하지 않을 수 있다. 케이크는 반죽 내의 설탕, 유지, 밀가루, 액체류 등 사용량에 따라 반죽의 유동성이 다르고 팬의 크기와 부피, 무게에 따라 오븐에서 굽는 온도, 굽는 시간이 달라진다. 낮은 온도에서 오래 구우면 수분이 증발하여 부드럽지 못하고 노화가 빨라지며, 높은 온도에서 구우면 제품의 부피가 작고 껍질색이 진하고 옆면이 약해지기 쉽다.

4) 굽기 손실

굽기 손실은 반죽 상태에서 케이크 상태로 구워지는 동안에 무게가 줄어드는 현상을 말하며, 그것은 발효산물 중에 휘발성 물질이 날아가 수분이 증발하였기 때문에 발생한다.

- 굽기 손실 = 반죽무게 – 제품무게

- $$\text{굽기 손실비율(\%)} = \frac{\text{반죽무게} - \text{제품무게}}{\text{반죽무게}} \times 100$$

5

CHAPTER

케이크 데코레이션 테크닉

Chapter 5

케이크 데코레이션 테크닉

1. 케이크 아이싱 준비와 자세

❶ 준비물 및 도구

믹서기, 돌림판, 스패튜라, 자, 거품기, 칼, 가위, 꽃받침, 꽃가위, 톱칼

고무주걱, 모양깍지, 짤주머니, 삼각칼, 테이프, 위생행주 3개

돌림판

연습용 나무모형

케이크데코 도구

L자 스패튜라

스패튜라

초콜릿 장식물 만드는 데
필요한 도구

2. 케이크 아이싱을 위한 기본자세

❶ 케이크 아이싱을 잘하기 위해서는 기본자세가 가장 중요하다

아이싱을 할 때는 올바른 자세가 가장 중요하다. 시작할 때 자세를 제품의 중심에 맞춰 똑바로 서고 다리도 어깨넓이로 벌려 바른 상태로 시작하며, 머리가 길면 흘러내리지 않게 고정한 후 작업 중 신경 쓰이는 부분이 없도록 한 상태에서 하는 것이 중요하다. 별것 아닌 거 같지만 불편한 곳이 있으면 아이싱하는 중에 자꾸 삐뚤어지거나 골고루 크림이 발라지지 않고 매끈하게 이루어지지 않는다.

돌림판 앞에 바로 서기

잘못된 자세

❷ 중심과 수평을 꼭 맞춰줘야 한다

한 번에 빠르게 케이크 아이싱하려고 하면 절대 제대로 되지 않는다. 아이싱의 기본은 중심을 잘 맞추는 것이다. 먼저 돌림판 중심에 제품을 맞추어 놓고 차근차근 크림을 바르는데 먼저 윗면, 옆면을 바르고 다시 윗면을 돌아가며 깎아서 윗면의 수평이 맞도록 정리하여 아이싱을 마무리한다. 여기서 중요한 것은 아이싱할 때에는 팔과 스패튜라가 한쪽으로 기울어지지 않게 일정한 힘을 유지하는 게 중요하며, 스패튜라를 옆면에 똑바로 세워야 한다.

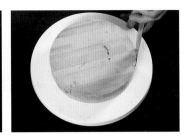

잘못된 방법　　　　　　잘못된 방법　　　　　　올바른 방법

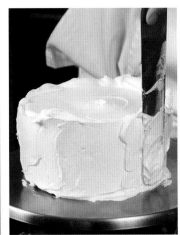

잘못된 아이싱 방법　　　　잘못된 아이싱 방법　　　　올바른 아이싱 방법

❸ 잘못된 아이싱 습관은 꼭 바로잡는 것이 중요하다.

저자가 현장에서 오랫동안 지켜보면서 느낀 점은 신입직원이 처음 들어왔을 때 아이싱을 어디에서 어떻게 배웠는가에 따라 아이싱의 상태가 다르다는 것을 볼 수 있었다. 즉 잘못된 아이싱 습관을 바로잡아 주는 데 많은 시간이 소요되고, 아이싱을 잘한다고 하여 제품을 맡기면 잘못된 습관으로 아이싱이 잘 되지 않기 때문에 시간이 많이 걸리더라도 처음에 제대로 배우는 게 중요하다. 케이크 아이싱은 케이크를 만들기 위한 기본으로 반드시 연습하여 습득하여야 하는 기술이다. 크림이 많지도 적지도 않게 적당량을 골고루 빠른 시간 내에 기술적으로 매끈하게 아이싱하도록 한다.

3. 케이크 아이싱을 위한 기본 세팅

아이싱을 위한 기본세팅

4. 케이크 아이싱을 위하여 준비하고 연습하기

❶ 행주를 물에 묻힌 다음 짜서 접어 바닥에 깔아준다.

❷ 행주를 물에 묻힌 다음 짜서 접어 돌림판에 올려준다.

❸ 행주 위에 나무모형을 올려놓는다.

  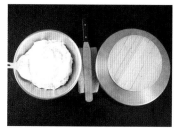

❹ 행주를 물에 묻힌 다음 접어 돌림판 옆에 놓는다. 아이싱하다가 가끔 스패튜라를 닦아주기 위함이다.

❺ 볼에 크림을 담아 바닥에 놓을 때도 행주를 물에 묻힌 다음 짜서 바닥에 놓고 볼을 올려놓는다.(크림을 담은 볼이 움직이지 않게 고정시켜주기 위함이다)

❻ 아이싱을 잘하기 위해서는 기본적으로 행주 3장, 돌림판, 스패튜라가 필요하다.

5. 스패튜라 잡는 법

❶ 스패튜라 잡을 때는 스패튜라 크기에 따라 길게 잡거나 조금 짧게 잡을 수 있으며, 보통 케이크1호 사이즈부터 3호 사이즈까지는 스패튜라 9~10호 사이즈가 적정하다.

❷ 스패튜라 잡는 방법은 엄지와 중지, 약지, 새끼손가락으로 손잡이를 감싸고 검지(둘째손가락)로 스패튜라 날 중앙을 잡아 고정시키는 방법으로 잡는다.

❸ 스패튜라를 어떻게 잡고 아이싱 연습을 하느냐에 따라 깔끔하게 바르는 기술의 차이가 나며, 특히 손목에 힘을 빼고 자연스럽게 잡는 것이 중요하다.

❹ 케이크 옆면 아이싱을 할 때는 스패튜라를 조금 짧게 잡고 크림을 떠서 바른다.

❺ 스패튜라로 크림을 떠서 바르고자 할 때는 크림을 떠서 볼 벽에 붙였다가 다시 깔끔하게 떠서 바른다. 바로 크림을 떠서 하면 이동하는 과정에 크림이 바닥으로 떨어질 수 있다.

6. 유산지나 비닐을 이용하여 짤주머니 만드는 방법

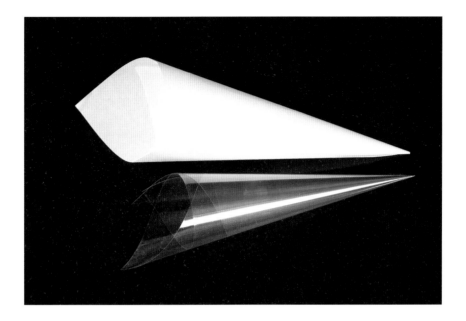

소량의 크림을 넣고 데코레이션하거나 글씨를 쓰고자 할 때는 소형 짤주머니를 만들어 사용
한다. 이때 사용하는 것은 크게 두 가지로 유산지와 약간 두꺼운 비닐이 있으며, 만드는 방법은
다음과 같다.

❶ 직사각형 유산지나 비닐을 준비하여 먼저 접어서 대각선으로 자르면 삼각형이 나온다. 사진처럼 삼각
　형이 되도록 접는다.

❷ 접힌 부분을 칼로 깔끔하게 자른다.

❸ 짤주머니를 처음 만들 때는 바닥에 놓고 연습하고 숙달되면 양쪽을 잡고 쉽게 만들 수 있다.

❹ 유산지나 비닐을 바닥에 놓고 왼손 엄지와 검지로 삼각형 밑변 가운데를 잡고 오른손으로 모서리 끝부
　분을 삼각형 가운데로 말아 돌려준다. 이 상태로 오른손으로 잡는다.

❺ 왼손으로 나머지 모서리를 마저 가운데로 말아 원뿔 모양으로 만든다.

❻ 원뿔 모양으로 말렸으면 뾰족하게 튀어 나와 있는 종이를 잡아당겨 주면 밑부분이 뾰족하게 조여 들어
　크기가 조절된다.

❼ 말아준 뾰족한 부분의 종이와 뒤의 뾰족한 부분의 종이를 수직으로 맞춰주면 뾰족한 부분이 조여져 구
　멍이 없어지게 된다. 그러면 가위로 원하는 크기로 잘라 사용하면 된다.

1) 유산지를 이용하여 짤주머니 만드는 방법

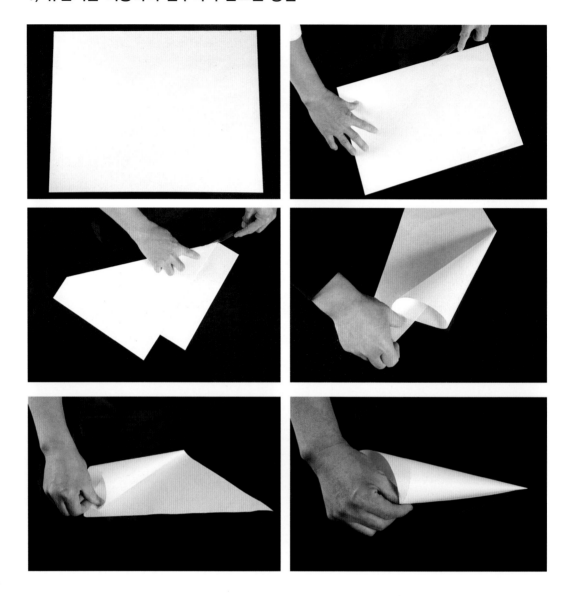

2) 비닐을 이용하여 짤주머니 만드는 방법

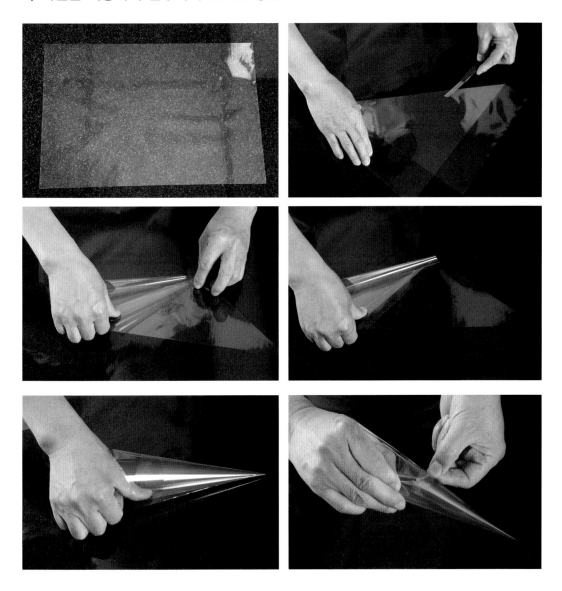

7. 케이크 기본 아이싱 연습하기

1) 나무 모형에 아이싱 연습하기

❶ 나무 윗면에 크림을 올리고 스패튜라로 고르게 펴준다.

크림을 당겨오고 당겨온 크림을 다시 밀면서 돌림판을 돌려준다. 즉 나무 윗면의 3시~6시 위치에서 크림을 당겨오고 당겨온 크림을 다시 밀면서 돌림판을 돌려준다. 나무 윗면에 평탄하게 크림이 발렸다면 스패튜라를 고정시킨 후 턴테이블을 빠르게 돌려 매끈하게 한다.

❷ 스패튜라를 이용하여 크림을 옆면에 바른다. 옆면은 나무모형의 높이만큼 크림을 스패튜라에 가지고 와서 발라준다.

❸ 옆면에 크림이 다 발렸다면 스패튜라를 옆면에 고정시키고 돌림판을 돌리며 매끈하게 만든다. 옆면 아이싱을 제대로 했다면 나무모형 위쪽에 크림산이 한 바퀴 둘러져 있어야 한다.

❹ 스패튜라를 사용하여 윗면의 크림을 조금씩 깎아주는 것이 중요하다. 즉 크림산 중 낮은 곳을 12~3시에 놓고 스패튜라를 이용해서 크림산을 깎아 안쪽으로 당겨준다.

❺ 깎인 곳을 몸 쪽으로 돌려 깎을 크림산이 계속 12~3시 쪽에 있도록 하여 케이크 전체의 산을 깎아 윗면을 매끈하게 정리한다.

❻ 최근 트렌드는 케이크 옆면은 모양깍지를 사용하지 않고 스패튜라를 이용하여 자연스럽게 데코레이션한다.

❼ 스패튜라를 케이크 옆면에 붙이고 손으로 돌림판을 돌려주면서 자연스럽게 데코레이션한다.

2) 스펀지 시트에 버터크림 아이싱하기

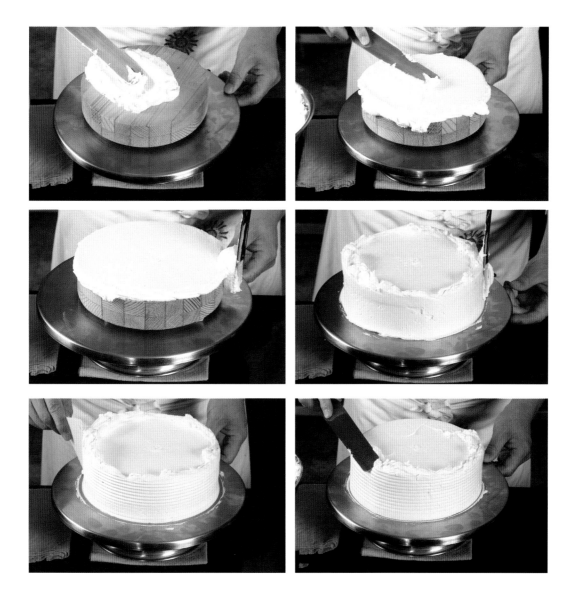

❶ 스펀지 시트 윗면에 크림을 올리고 스패튜라로 고르게 펴준다.

크림을 당겨오고 당겨온 크림을 다시 밀면서 돌림판을 돌려준다. 즉 케이크 윗면의 3~6시 위치에서 크림을 당겨오고 당겨온 크림을 다시 밀면서 돌림판을 돌려준다. 케이크의 윗면에 평탄하게 크림이 발렸다면 스패튜라를 고정시킨 후 턴테이블을 빠르게 돌려 매끈하게 한다.

❷ 스패튜라를 이용하여 크림을 옆면에 바른다. 옆면은 케이크의 높이만큼 크림을 스패튜라에 가지고 와서 발라준다.

❸ 옆면에 크림이 다 발렸다면 스패튜라를 옆면에 고정시키고 돌림판을 돌리며 매끈하게 만든다. 옆면 아이싱을 제대로 했다면 케이크 위쪽에 크림산이 한 바퀴 둘러져 있어야 한다.

❹ 스패튜라를 사용하여 윗면의 크림을 조금씩 깎아주는 것이 중요하다. 즉 크림산 중 낮은 곳을 12~3시에 놓고 스패튜라를 이용해서 크림산을 깎아 안쪽으로 당겨준다.

❺ 깎인 곳을 몸 쪽으로 돌려 깎을 크림산이 계속 12~3시 쪽에 있도록 하여 케이크 전체의 산을 깎아 윗면을 매끈하게 정리한다.

❻ 최근 트렌드는 케이크 옆면은 모양깍지를 사용하지 않고 스패튜라를 이용해 자연스럽게 데코레이션한다.

❼ 스패튜라를 케이크 옆면에 붙이고 손으로 돌림판을 돌려주면서 자연스럽게 데코레이션한다.

3) 톱칼 또는 삼각콤을 이용한 데코레이션하기

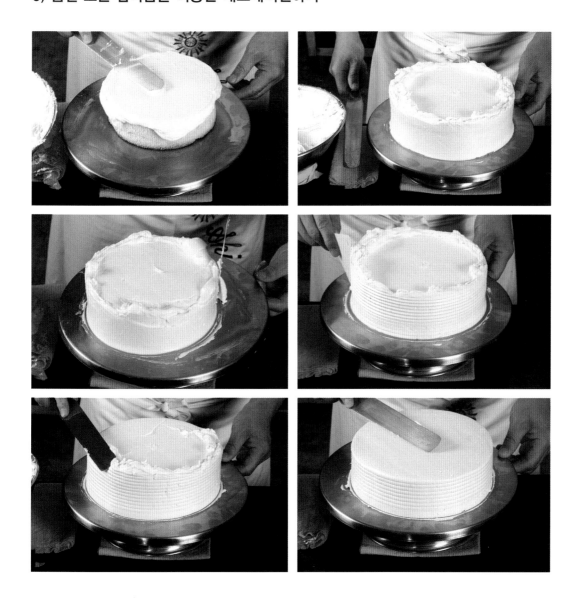

4) 스패튜라를 이용한 데코레이션하기

5) 초코버터케이크 아이싱하고 데코레이션하기

❶ 스펀지 시트 윗면에 크림을 올리고 스패튜라로 고르게 펴준다.

크림을 당겨오고 당겨온 크림을 다시 밀면서 돌림판을 돌려준다. 즉 케이크 윗면의 3~6시 위치에서 크림을 당겨오고 당겨온 크림을 다시 밀면서 돌림판을 돌려준다. 케이크의 윗면에 평탄하게 크림이 발렸다면 스패튜라를 고정시킨 후 턴테이블을 빠르게 돌려 매끈하게 한다.

❷ 스패튜라를 이용하여 크림을 옆면에 바른다. 옆면은 케이크의 높이만큼 크림을 스패튜라에 가지고 와서 발라준다.

❸ 옆면에 크림이 다 발렸다면 스패튜라를 옆면에 고정시키고 돌림판을 돌리며 매끈하게 만든다. 옆면 아이싱을 제대로 했다면 케이크 위쪽에 크림산이 한 바퀴 둘러져 있어야 한다.

❹ 스패튜라를 사용하여 윗면의 크림을 조금씩 깎아주는 것이 중요하다. 즉 크림산 중 낮은 곳을 12~3시에 놓고 스패튜라를 이용해서 크림산을 깎아 안쪽으로 당겨준다.

❺ 깎인 곳을 몸 쪽으로 돌려 깎을 크림산이 계속 12~3시 쪽에 있도록 하여 케이크 전체의 산을 깎아 윗면을 매끈하게 정리한다.

❻ 별깍지 하나로 다양하게 데코레이션한다.

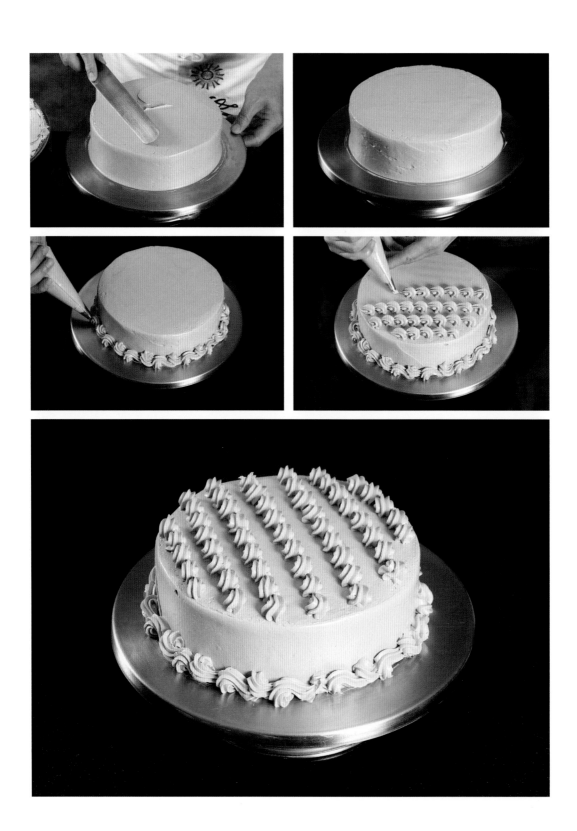

CAKE
DECORATION TECHNIC

6) 버터크림을 이용한 돔형 케이크 아이싱하고 데코레이션하기

돔형 스펀지케이크는 돔형 몰드를 이용하여 스펀지를 만들 수 있고 아니면 원형몰드에 스펀지케이크를 만들어 사용하기도 한다.

돔형 아이싱하기

❶ 원형 스펀지케이크는 샌드 후 윗면을 가위를 이용하여 잘라주고 손으로 만져 형태가 되도록 한다.

❷ 스패튜라를 이용하여 원하는 크림으로 아이싱한다.

❸ 두꺼운 필름을 이용하여 매끈하게 마무리한다.

❹ 크림을 조금 질게 하여 스패튜라로 터치하여 데코레이션하거나 아이싱을 마무리하고 두꺼운 필름을 이용하여 밑에서 위로 끌어올리며 데코레이션한다.

CAKE
DECORATION TECHNIC

7) 생크림 케이크 아이싱하기

❶ 스펀지를 자르고 샌드하여 시트 윗면에 크림을 올리고 스패튜라로 고르게 펴준다. 크림을 당겨오고 당겨온 크림을 다시 밀면서 돌림판을 돌려준다. 즉 케이크 윗면의 3～6시 위치에서 크림을 당겨오고 당겨온 크림을 다시 밀면서 돌림판을 돌려준다. 케이크의 윗면에 평탄하게 크림이 발렸다면 스패튜라를 고정시킨 후 턴테이블을 빠르게 돌려 매끈하게 한다.

❷ 스패튜라를 이용하여 크림을 옆면에 바른다. 옆면은 케이크의 높이만큼 크림을 스패튜라에 가지고 와서 발라준다.

❸ 옆면에 크림이 다 발렸다면 스패튜라를 옆면에 고정시키고 돌림판을 돌리며 매끈하게 만든다. 옆면 아이싱을 제대로 했다면 케이크 위쪽에 크림산이 한 바퀴 둘러져 있어야 한다.

❹ 스패튜라를 사용하여 윗면의 크림을 조금씩 깎아주는 것이 중요하다. 즉 크림산 중 낮은 곳을 12～3시에 놓고 스패튜라를 이용해서 크림산을 깎아 안쪽으로 당겨준다.

❺ 깎인 곳을 몸 쪽으로 돌려깎을 크림산이 계속 12～3시 쪽에 있도록 하여 케이크 전체의 산을 깎아 윗면을 매끈하게 정리한다.

8) 돔형 생크림케이크 아이싱하기

돔형 스펀지케이크는 돔형 몰드를 이용하여 스펀지를 만들 수 있고 아니면 원형몰드에 스펀지케이크를 만들어 사용하기도 한다.

❶ 원형 스펀지케이크는 샌드 후 윗면을 가위로 잘라주고 손으로 만져 돔 형태가 되도록 한다.
❷ 스패튜라를 이용하여 원하는 크림으로 아이싱한다.
❸ 두꺼운 필름을 이용하여 매끈하게 마무리한다.
   크림을 조금 질게 하여 스패튜라를 이용하여 터치해서 데코레이션하거나 아이싱으로 마무리한다.

9) 초코버터크림 케이크 돔형 아이싱하고 데코레이션하기

돔형 스펀지케이크는 돔형 몰드를 이용하여 스펀지를 만들 수 있고 아니면 원형몰드에 스펀지케이크를 만들어 사용하기도 한다.

❶ 원형 스펀지케이크는 샌드 후 윗면을 가위로 잘라주고 손으로 만져 돔 형태가 되도록 한다.
❷ 스패튜라를 이용하여 원하는 크림으로 아이싱한다.
❸ 두꺼운 필름을 이용하여 매끈하게 마무리한다.
❹ 크림을 조금 질게 하여 스패튜라를 이용하여 터치하여 데코레이션하거나 아이싱을 마무리하고 두꺼운 필름을 이용하여 밑에서 위로 끌어올리며 데코레이션한다.

10) 레몬 쉬폰케이크 생크림 아이싱하기

❶ 시폰 시트 위에 스패튜라를 이용하여 크림을 올리고 밀고 당겨서 크림을 바른다. 이때 중앙에 크림이 들어가도 문제가 없다.

❷ 윗면을 매끈하게 하고 옆면에도 크림을 바르고 아이싱한다.

❸ 옆면을 매끈하게 아이싱하면 크림이 위로 올라와 크림산이 형성되도록 한다.

❹ 스패튜라를 사용하여 윗면의 크림을 조금씩 깎아주는 것이 중요하다. 즉 크림산 중 낮은 곳을 12~3

시에 놓고 스패튜라를 이용해서 크림산을 깎아 안쪽으로 당겨준다.

❺ 깎인 곳을 몸 쪽으로 돌려 깎을 크림산이 계속 12~3시 쪽에 있도록 하여 케이크 전체의 산을 깎아 윗면을 매끈하게 정리한다.

❻ 아이싱이 끝나면 마지막으로 스패튜라를 이용하여 중앙부분에 크림을 정리하여 구멍을 내준다.

❼ 최근 트렌드는 케이크 옆면은 모양깍지를 사용하지 않고 스패튜라를 이용하여 자연스럽게 데코레이션한다.

❽ 스패튜라를 케이크 옆면에 붙이고 손으로 돌림판을 돌려주면서 자연스럽게 데코레이션한다.

❾ 스패튜라를 사용하여 윗면을 자연스럽게 데코레이션한다.

11) 초코 쉬폰케이크 아이싱(생크림)

❶ 시폰 시트 위에 스패튤라를 이용하여 크림을 올리고 밀고 당겨서 크림을 바른다. 이때 중앙에 크림이 들어가도 문제가 없다.

❷ 윗면을 매끈하게 하고 옆면에도 크림을 바르고 아이싱한다.

❸ 옆면을 매끈하게 아이싱하면 크림이 위로 올라와 크림산이 형성되도록 한다.

❹ 스패튤라를 사용하여 윗면의 크림을 조금씩 깎아주는 것이 중요하다. 즉 크림산 중 낮은 곳을 12~3시에 놓고 스패튤라를 이용해서 크림산을 깎아 안쪽으로 당겨준다.

❺ 깎인 곳을 몸 쪽으로 돌려 깎을 크림산이 계속 12~3시 쪽에 있도록 하여 케이크 전체의 산을 깎아 윗면을 매끈하게 정리한다.

❻ 아이싱이 끝나면 마지막으로 스패튤라를 이용하여 중앙부분에 크림을 정리하여 구멍을 내준다.

❼ 최근 트렌드는 케이크 옆면은 모양깍지를 사용하지 않고 스패튤라를 이용하여 자연스럽게 데코레이션한다.

❽ 윗면과 옆면은 초코시럽을 뿌리고 스패튤라를 이용하여 자연스럽게 데코레이션한다.

초코 쉬폰케이크 다양한 데코레이션하기

CHAPTER 5
케 이 크 데 코 레 이 션 테 크 닉

12) 녹차 쉬폰케이크 생크림 아이싱하기

❶ 녹차 생크림을 만든다.

❷ 시폰 시트 위에 스패튤라를 이용하여 크림을 올리고 밀고 당겨서 크림을 바른다. 이때 중앙에 크림이 들어가도 문제가 없다.

❸ 윗면을 매끈하게 하고 옆면에도 크림을 바르고 아이싱한다.

❹ 옆면을 매끈하게 아이싱하면 크림이 위로 올라와 크림산이 형성되도록 한다.

❺ 스패튤라를 사용하여 윗면의 크림을 조금씩 깎아주는 것이 중요하다. 즉 크림산 중 낮은 곳을 12~3시에 놓고 스패튤라를 이용해서 크림산을 깎아 안쪽으로 당겨준다.

❻ 깎인 곳을 몸 쪽으로 돌려 깎을 크림산이 계속 12~3시 쪽에 있도록 하여 케이크 전체의 산을 깎아 윗면을 매끈하게 정리한다.

❼ 아이싱이 끝나면 마지막으로 스패튤라를 이용하여 중앙부분에 크림을 정리하여 구멍을 내준다.

❽ 스패튤라를 이용하여 녹차크림으로 데코레이션한다.

CHAPTER 5
케이크 데코레이션 테크닉

8. 다양한 모양깍지로 데코레이션 연습하기

  케이크 데코레이션을 잘하기 위해서는 짤주머니에 크림을 넣어 준비된 케이크를 놓고 짤주머니 잡은 손을 움직여 자유자재로 원하는 형태의 문양을 내어서 다양한 모양이 나와야 한다. 이렇게 하는 것을 파이핑 테크닉이라 한다. 파이핑 기술이 뛰어나기 위해서는 많은 노력이 필요하다. 사용하는 크림의 종류와 되기 조절, 모양깍지의 기울기와 방향, 파이핑을 잡고 압력을 조절하는 손의 힘, 움직이는 형태에 따라서 데코레이션이 달라진다. 따라서 예쁘게 데코레이션하기 위해서는 버터크림, 생크림, 초콜릿, 앙금되기 등 크림의 종류에 따른 되기 조절이 가능해야 하고 만들고자 하는 작품의 컨셉을 정하여 그에 맞게 데코레이션하는 것이 중요하다.

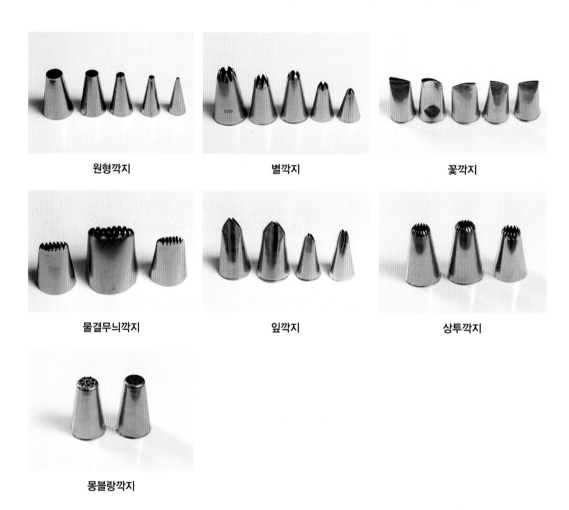

원형깍지	별깍지	꽃깍지
물결무늬깍지	잎깍지	상투깍지
몽블랑깍지		

1) 원형깍지 이용하기

❶ 원형깍지는 대부분 작은 것을 많이 사용하기 때문에 짤주머니에 크림을 넣을 때 반 정도만 넣어 사용한다. 크림을 많이 넣으면 손목이 아프고 힘 조절이 안 되기 때문에 일정한 모양을 내기가 어렵다.

❷ 데코레이션에 많이 사용하는 대표적인 모양 몇 가지만 집중적으로 연습하여 본인의 것으로 만드는 것이 중요하다.

❸ 연습할 때는 내가 하고자 하는 도안을 종이에 먼저 하고 위에 종이를 덮고 따라서 반복적으로 연습한다.

❶ 원형깍지 이용하여 종이 위에 연습하기

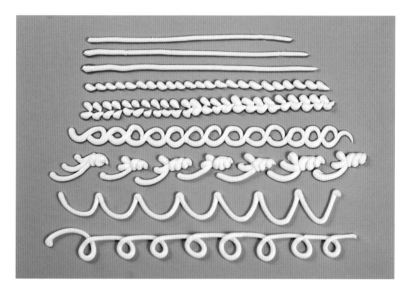

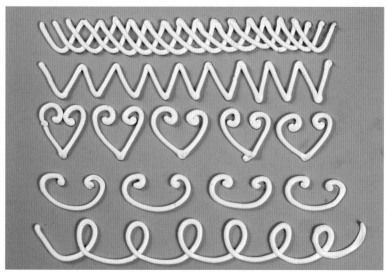

❷ 원형깍지 이용하여 나무모형 위에 연습하기

작은 원형깍지를 준비한다.

짤주머니에 크림을 넣고 붙여서 짜준다.

2) 별깍지 이용하기

❶ 별깍지는 원형깍지보다 많이 사용하고 있으며, 초보자들도 쉽게 접근할 수 있는 장점이 있고 모양도 예쁘다.

❷ 별깍지도 작은 것을 사용할 때는 짤주머니에 크림을 넣을 때 반 정도만 넣어 사용한다. 크림을 많이 넣으면 손목이 아프고 힘 조절이 안 되기 때문에 일정한 모양을 내기가 어렵다.

❸ 데코레이션에 많이 사용하는 대표적인 모양 몇 가지만 집중적으로 연습하여 본인의 것으로 만드는 것이 중요하다.

❹ 연습할 때는 내가 하고자 하는 도안을 종이에 먼저 하고 위에 종이를 덮고 따라서 반복적으로 연습한다.

❺ 생크림케이크를 만들 때 사용하는 별모양깍지는 큰 것을 주로 사용하기 때문에 큰 사이즈의 깍지도 사용할 수 있도록 연습한다.

❶ 별깍지 이용하여 종이 위에 연습하기

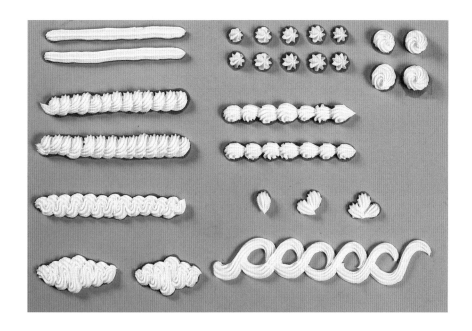

❷ 별깍지 이용하여 나무모형 위에 연습하기

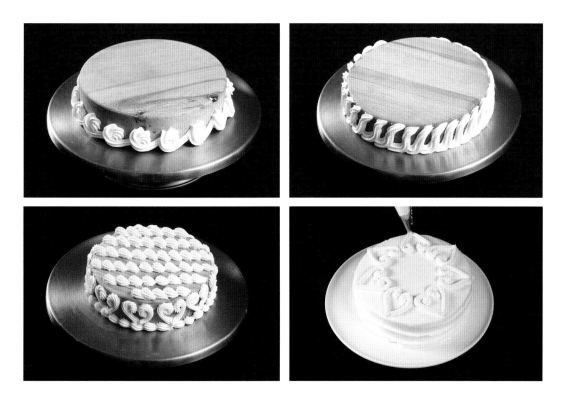

❸ 물결무늬깍지를 이용한 활용법

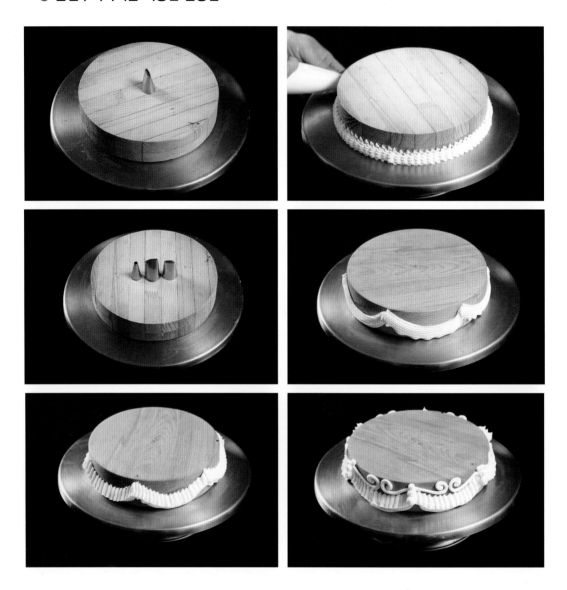

3) 장미꽃깍지와 별깍지를 이용한 활용법

❶ 장미꽃깍지와 별깍지를 이용하여 종이 위에 연습하기

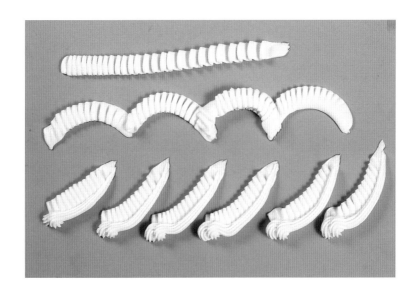

❷ 장미꽃깍지와 별깍지를 이용하여 나무모형 위에 연습하기

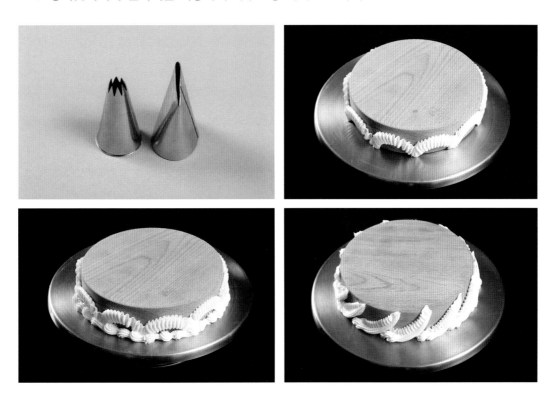

CHAPTER 5
케이크 데코레이션 테크닉

❸ 장미꽃깍지와 별깍지를 이용하여 케이크에 데코레이션하기

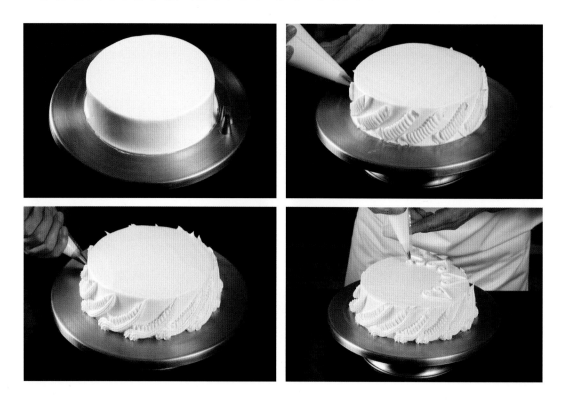

4) 별깍지와 원형깍지 활용하는 법

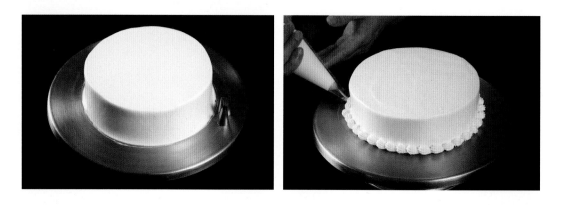

5) 생크림을 이용한 다양한 모양깍지 활용하기

9. 머랭을 이용한 장미꽃 짜기와 다양한 동물 짜기

1) 머랭을 이용한 다양한 꽃, 동물 짜기

스위스 머랭은 머랭 쿠키나 파블로바 디저트 등에 다양하게 사용하고 있으며, 각종 장식 모양을 만들 때 많이 사용한다.

흰자 6개(180g), 설탕 360g, 슈거파우더 60g

✎ 만드는 과정

❶ 흰자와 설탕을 믹싱 볼에 넣고 중탕으로 45℃로 데워준다.
❷ 손으로 만져봤을 때 설탕의 입자가 없어야 한다.
❸ 머랭은 손으로 찍었을 때 꺾어지지 않을 정도까지 올려준다.
❹ 믹싱이 완료된 머랭에 슈거파우더를 섞어 마무리한다.
❺ 머랭을 적당량 덜어준 다음 원하는 색소와 섞어준다.
❻ 종이를 깔고 위에 짜준다.

2) 머랭 반죽으로 장미꽃깍지 이용하기

❶ 장미깍지는 장미꽃을 짜거나 레이스 모양을 짜는 데 많이 사용하며, 다른 모양깍지를 사용할 때보다 힘을 세게 하여 일정한 모양의 레이스가 나오도록 하는 것이 중요하다.
❷ 짤주머니에 크림은 가급적 적게 넣고 사용하는 것이 강약 조절에 편하고 자기가 원하는 모양의 데코레이션을 할 수 있으며, 모양깍지 사용각도와 주어진 힘의 압력에 따라 다양한 형태의 모양이 나온다.

장미꽃 짜기 순서

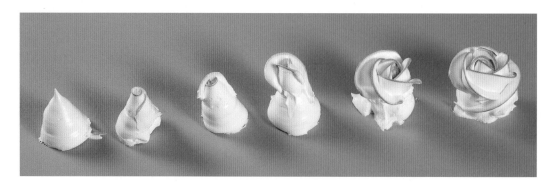

❶ 짤주머니에 원형깍지를 끼우고 흰색 머랭을 넣는다.

❷ 짤주머니에 장미깍지를 끼우고 핑크색 조금과 흰색 머랭을 넣는다.

❸ 원형깍지를 이용하여 꽃심을 짜준다.

❹ 장미깍지를 이용하여 꽃심에 감아 돌려서 꽃봉오리를 만들어준다.

❺ 꽃봉오리를 중심으로 돌아가면서 꽃잎이 겹치게 짜준다.

❻ 원하는 꽃 크기에 따라 꽃잎의 개수는 다르다.

❼ 꽃줄기와 꽃잎사귀를 짜서 완성도를 높여준다.

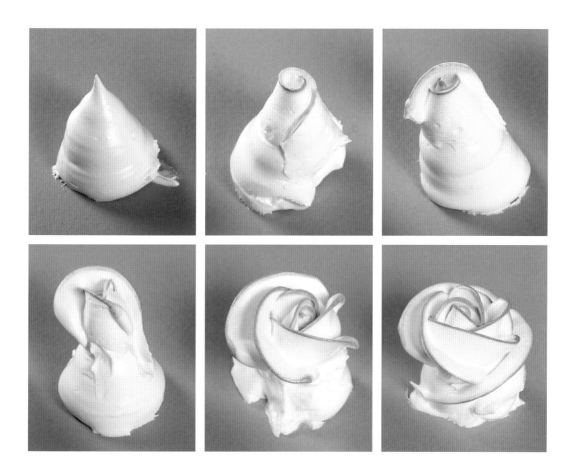

3) 머랭을 이용한 장미꽃 짜기

장미꽃 짜기

❶ 짤주머니에 원형깍지를 끼우고 흰색 머랭을 넣는다.

CHAPTER 5
케이크 데코레이션 테크닉

❷ 짤주머니에 장미깍지를 끼우고 핑크색 조금과 흰색 머랭을 넣는다.

❸ 원형깍지를 이용하여 꽃심을 짜준다.

❹ 장미깍지를 이용하여 꽃심에 감아 돌려서 꽃봉오리를 만들어준다.

❺ 꽃봉오리를 중심으로 돌아가면서 꽃잎이 겹치게 짜준다.

❻ 원하는 꽃 크기에 따라서 꽃잎의 개수는 다르다.

❼ 꽃줄기와 꽃잎사귀를 짜서 완성도를 높여준다.

4) 머랭을 이용한 다양한 동물 짜기

❶ 오리 짜기

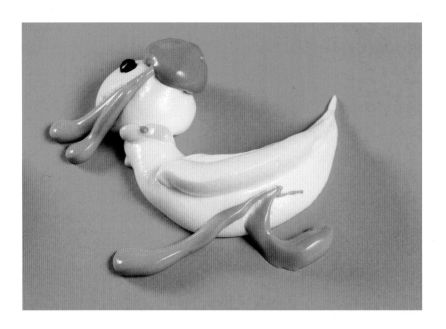

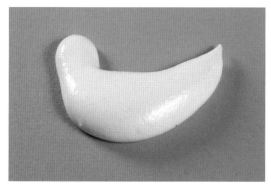

8mm 원형깍지로 몸통을 짜준다.

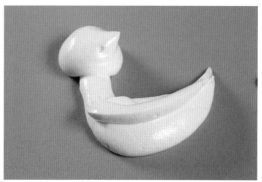

8mm 원형깍지로 얼굴을 짜고 짤주머니에
크림을 담아 날개를 짜준다.

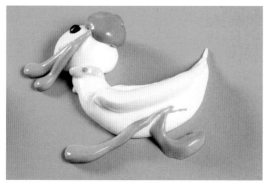

색소를 섞은 반죽을 4mm 원형
깍지에 담아서 다리와 부리를 짜준다.

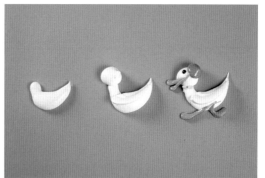

오리 짜기 순서대로 짜준다.

❷ 사슴 짜기

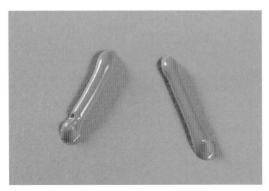

4mm 원형깍지로 다리를 짜준다.

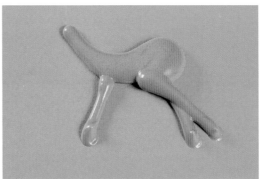

8mm 원형깍지로 몸통을 짜준다.

8mm 원형깍지로 얼굴을 짜고
4mm 원형깍지로 머리와 반대편 앞다리를 짜준다.

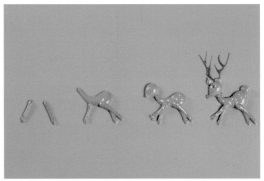

사슴 짜기 다리부터 순서대로 짜준다.

❸ 토끼 짜기

장미꽃깍지로 귀를 짜준다.

8mm 원형깍지로 몸통과 얼굴을 짜준다.

4mm 원형깍지로 다리를 짜고
작은 별깍지로 수염을 짜준다.

토끼 짜기 순서대로 짜준다.

❹ 강아지 짜기

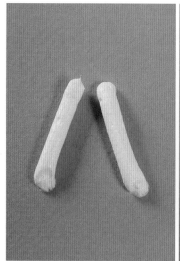

4mm 원형깍지로 다리를 짜준다.

상투과자깍지로 몸통을 짜준다.

8mm 원형깍지로 머리부분을 짜주고
작은 별깍지로 귀를 짜고 눈과 코와
입을 표현한다.

강아지 짜기 순서대로 짜준다.

❺ 병아리 짜기

별모양깍지로 둥글게 짜준다.
8mm 원형깍지로 몸통을 짜준다.
장미꽃깍지로 날개를 짜고 부리, 눈, 모자를 표현한다.

병아리 짜기 순서대로 짜준다.

❻ 천사 짜기

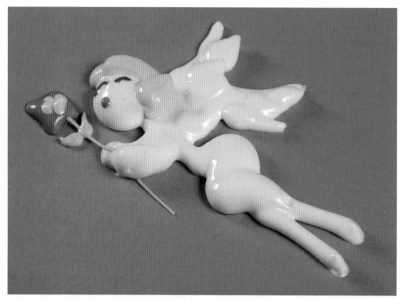

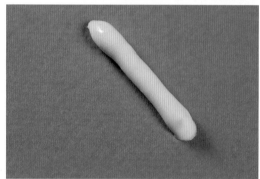

4mm 원형깍지로 한쪽 다리를 짜준다.

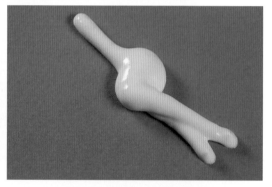

4mm 원형깍지로 목에서 몸통까지
짜고 이어서 반대편 다리까지 짜준다.

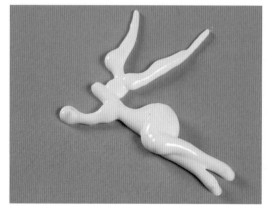

4mm 원형깍지로 한쪽 날개를 짜준다.

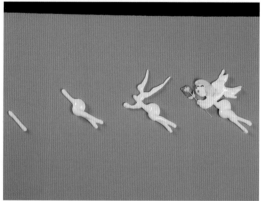

천사 짜기 순서대로 짜준다.

10. 버터크림을 이용한 장미꽃 짜기

1) 버터크림을 이용한 장미꽃 짜기

장미꽃 짜기

❶ 짤주머니에 원형깍지를 끼우고 흰색 버터를 넣는다.

❷ 짤주머니에 장미깍지를 끼우고 보라색 버터크림 조금과 흰색 버터크림을 넣는다.

❸ 원형깍지를 이용하여 꽃심을 짜준다.

❹ 장미깍지를 이용하여 꽃심에 감아 돌려서 꽃봉오리를 만들어준다.

❺ 꽃봉오리를 중심으로 돌아가면서 꽃잎이 겹치게 짜준다.

❻ 원하는 꽃 크기에 따라서 꽃잎의 개수는 다르다.

❼ 꽃줄기와 꽃잎사귀를 짜서 완성도를 높여준다.

2) 버터크림을 이용한 등꽃 짜기

❶ 2mm 원형모양깍지로 등나무 가지를 짜준다.

❷ 4mm 원형모양깍지로 등나무 꽃의 큰 줄기를 짜준다.

❸ 꽃깍지를 사용하여 등꽃을 짜준다.

❹ 유산지로 만든 짤주머니에 크림을 담아서 등나무 잎을 짜준다.

3) 버터크림을 이용한 카네이션 꽃 짜기

❶ 장미모양깍지에 빨간색, 흰색 크림을 담아 짜준다.

❷ 꽃잎은 1단, 2단, 3단으로 겹쳐 쌓아올려 짜준다.

❸ 2mm 원형모양깍지로 진한 초록색 크림으로 줄기를 짜준다.

❹ 유산지에 진한 초록색 크림을 담아 잎사귀를 짜준다.

11. 케이크와 나무모형 위에 크림 짜기와 연습하기

종이 위에 크림 짜기 연습하기

1) 다양한 깍지 이용하기

❶ 모양깍지의 종류와 형태에 따라 다양한 모양을 연출할 수 있으며, 고객이 원하는 케이크의 종류와 컨셉에 따라 모양을 낼 수 있도록 다양한 모양깍지를 이용하여 연습하는 것이 중요하다.

❷ 모양깍지를 사용하여 많은 연습이 이루어지고 어느 정도 자신감이 있을 때는 크림에 원하는 색을 내어 짤주머니에 넣고 2가지 형태의 모양을 연출할 수 있도록 한다.

케이크 모형 나무 위에 크림 짜기 연습하기

종이 위에 크림 짜기 연습하기

2) 실선 짜기 연습하기

❶ 짜기 연습에 필요한 크림을 준비한다. 크림 되기가 되면 짜기도 힘들고 끊어지기가 쉽고, 너무 질면 크림이 퍼지고 모양이 선명하지 않게 된다.

❷ 비닐 짤주머니에 크림을 넣어서 직선 짜기, 곡선 짜기 등 다양한 무늬를 반복적으로 연습하여 내 것으로 만들어야 한다.

❸ 반복적으로 연습하여 어느 정도 익숙해지면 크림에 다양한 색깔을 넣어서 해본다.

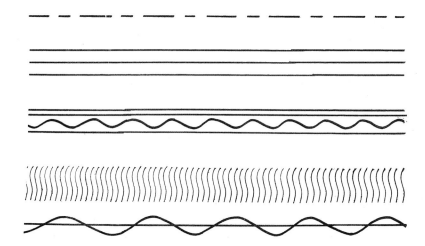

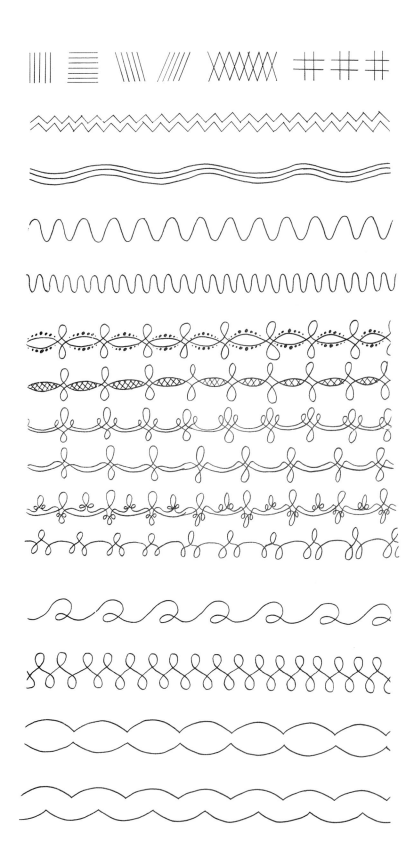

CHAPTER 5
케이크 데코레이션 테크닉

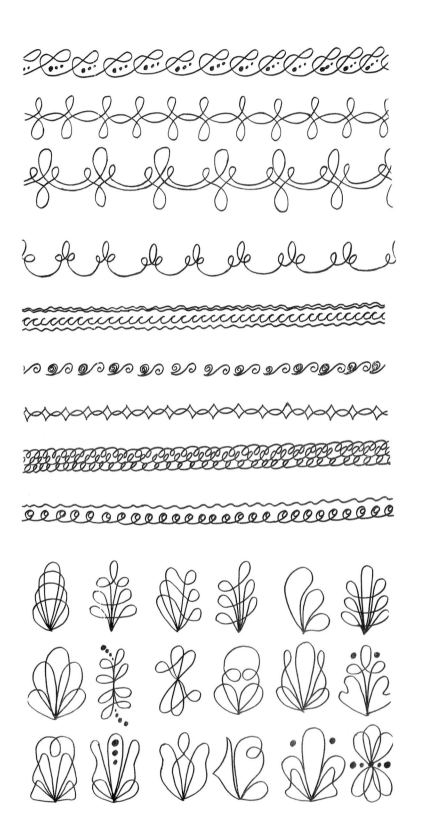

118

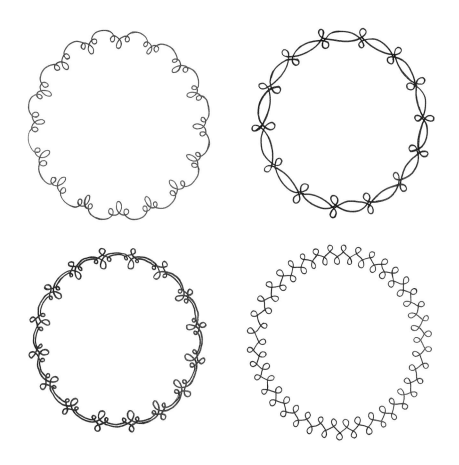

12. 종이와 나무모형 위에 레터링 짜기 연습하기

1) 레터링 연습하기

❶ 레터링은 케이크 옆면이나 윗면에 다양한 문양, 그림, 글씨 등을 예쁘게 디자인해서 제품의 상품성을 높이기 위해 창조하는 것이라고 할 수 있다.

❷ 레터링 작업을 할 때 고려해야 할 점은 케이크의 종류와 형태에 따라 문양이나 그림, 글씨가 케이크와 조화를 이루는 것이 중요하며, 개성 있고 통일성이 있도록 만들어 사용자의 목적에 적합한 것이 좋다.

❸ 크림이나 초콜릿을 녹여 짤주머니에 넣고 바닥에 종이를 펴놓은 상태에서 다양한 문양 짜는 연습을 반복적으로 한다.

❹ 레터링 그리기가 익숙해지면 돌림판 위에 연습용 나무를 올리고 실전에서 할 수 있도록 반복적으로 연습한다.

❶ 종이 위에 짜기 연습하기

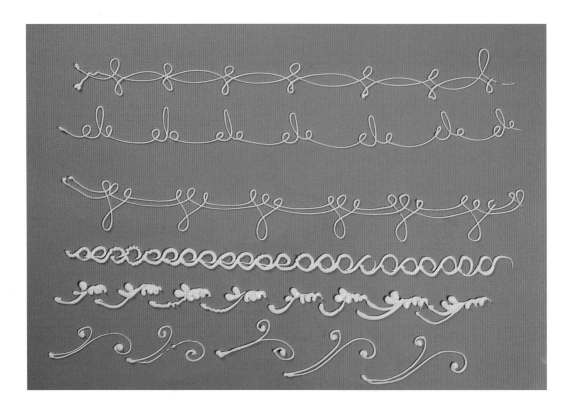

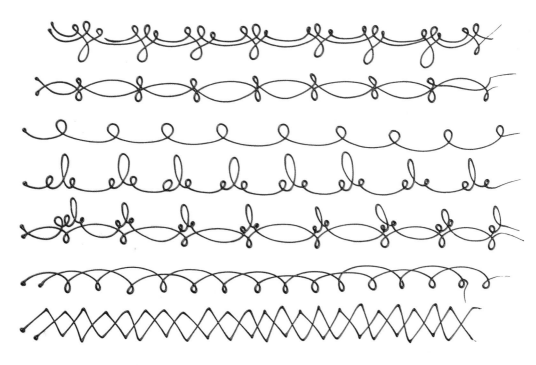

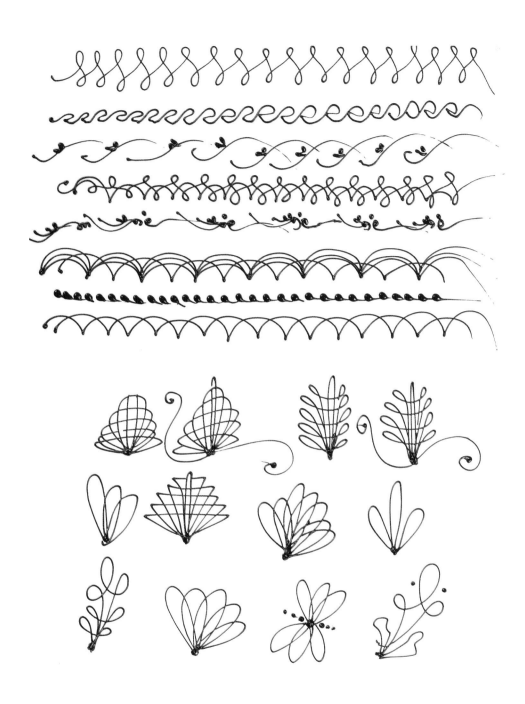

13. 다양한 도안 연습하기

케이크 나무모형 위에 레터링 짜기 연습하기

접시 위에 다양한 레터링 짜기

특별한 행사나 기념일에는 좋은 추억을 남기고자 고객이 원하는 메시지를 접시에 써 달라고 요구할 수도 있으며, 또한 레스토랑에서 식사 후 프러포즈, 특별한 이벤트를 원하는 경우도 있다.

14. 크림이나 초콜릿을 이용한 글씨 쓰기 연습하기

1) 크림을 이용하여 글씨 쓰기

식물성 생크림이나 쇼트닝을 이용하여 다양한 글씨 쓰기 연습을 한다. 작은 케이크 안에 많은 글씨가 들어갈 수도 있으므로 케이크 크기에 따라 글씨 크기조절도 할 수 있도록 연습을 많이 하여야 한다.

2) 초콜릿을 이용하여 글씨 쓰기

초콜릿을 녹여서 다양한 글씨 쓰기 연습을 한다. 케이크 크기에 따라서 글씨 크기도 다르기 때문에 글씨 크기를 다양하게 연습한다.

고객이 요구하는 글씨를 케이크 윗면에 바로 쓰기도 하지만 초콜릿판을 만들어 사용하면 좋다. 왜냐하면 케이크 윗면에 바로 쓰다가 실수를 하면 지우기가 매우 어렵기 때문이다. 따라서 초콜릿판을 이용하면 수정이 가능하다.

케이크 데코레이션 글씨 쓰기

축 생일(祝 生日), 축 생신(祝 生辰), 축 결혼(祝 結婚), 축 약혼(祝 約婚)

축 입학(祝 入學), 축 졸업(祝 卒業), 축 회갑(祝 回甲) 축 발전(祝 發展)

축 영전(祝 榮典), 축 개업(祝 開業), 축 화혼(祝 華婚), 축 당선(祝 當選)

만수무강(萬壽無疆)

생신을 축하드립니다, 생일을 축하드립니다, 새해 복 많이 받으세요.

축 성탄(祝 聖誕) = Merry christmas

근하신년(謹賀新年) = Happy New Year

부활절(復活節) = Easter day

축 생일, 축 생신 = Happy Birthday

밸런타인데이 = Valentine day

화이트데이 = White day

축 고희(祝 古稀) = 축 칠순(祝 七旬)

축 금혼식(祝 金婚式) = 축 결혼50주년

축 은혼식(祝 銀婚式) = 축 결혼25주년

밸런타인데이, 화이트데이 메시지 쓰기

♥Love ♥I Love You ♥Kiss Me ♥For You ♥Miss You

♥All my love and forever(오늘 그리고 영원히 나의 모든 사랑을 바친다)

♥Be mine forever(넌 항상 내 곁에)

♥Happy White day all my love(즐거운 화이트데이에 나의 사랑을 바친다)

♥Will you marry me?(나와 결혼하지 않겠니?)

♥Always thinking of you(언제나 너를 생각하며)

♥Love you everything of you(너의 모든 것을 항상 사랑하며)

♥Always in my heart(항상 내 마음속에 너를 그리며)

♥The answer is yes, I love you(대답은 물론 당신을 사랑합니다)

♥Together forever(영원히 함께 하자)

♥You mean everything to me(당신은 나의 모든 것)

♥You are my everything(모든 것을 드릴게요)

♥You are my first love(당신은 나의 첫사랑)

♥Or got me not(나를 잊지 말아요)

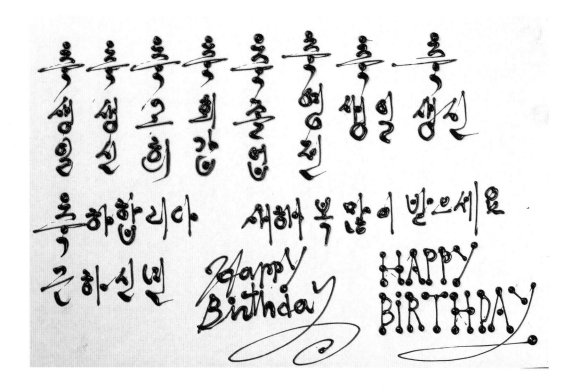

15. 다양한 모양깍지 이용하기

① 모양깍지의 종류와 형태에 따라서 다양한 모양을 연출할 수 있으며, 고객이 원하는 케이크의 종류와 컨셉에 따라서 모양을 낼 수 있도록 다양한 모양깍지를 이용하여 연습하는것이 중요하다.

② 모양깍지를 사용하여 많은 연습이 이루어지고 어느 정도 자신감이 있을 때는 크림에 원하는 색을 내어서 짤주머니에 넣고 2가지 형태의 모양을 연출할 수 있도록 한다.

CAKE
DECORATION
TECHNIC

6

CHAPTER

마지팬

6
Chapter

마지팬

마지팬은 매우 부드럽고 색을 들이기도 쉽기 때문에 세공물을 만들거나 얇게 펴서 케이크 커버링에 사용된다. 공예와 고급 양과자의 완성이라고 할 수 있는 마지팬은 케이크 등의 데코레이션 소품으로 동물이나 과일 등 공예과자를 만드는 데 사용한다.

1. 장미꽃 만들기

❶ 꽃심 만들기

먼저 꽃심을 예쁘게 만들어준다. 기둥이 튼튼해야 다음 작업을 편안하게 할 수 있다.

❷ 봉오리 만들기

장미꽃 봉오리를 감쌀 때 봉오리의 구멍을 크게 하면 꽃이 너무 벌어져 보여서 덜 예뻐 보이기 때문에 작아 보이게 감싸준다.

너무 보이지 않게 주의하여 살짝 피어나는 꽃처럼 표현한다.

❸ 삼각구도 잡기(꽃잎 3장 붙이기)

삼각구도를 잡는 방법은 먼저 붙인 꽃잎의 끝부분에 다음 장 꽃잎의 가운데 부분을 맞춰주면 예쁜 삼각구도가 나온다.

❹ 꽃잎 5장 붙이기

마지막 큰 꽃잎 5장을 붙이는데 앞에 붙인 3장의 꽃잎보다 반죽양을 조금 더 늘려 조금 크게 만들어 붙인다.

큰 꽃잎 5장을 붙일 때 포인트는 먼저 붙인 꽃잎 3장보다 조금 낮게 붙인다.

❺ 마지팬 장미잎 펴기 할 때는 전체적으로 펴지 않고

'꽃잎의 끝부분으로 갈수록 서서히 얇게' 이렇게 만들면 꽃잎에도 힘이 있어 만들기도 쉽고 장미꽃의 볼륨도 좋아진다.

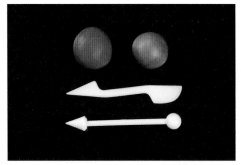

장미꽃 만드는 데 필요한 도구와 반죽

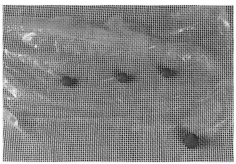

꽃심 만들기와 꽃잎 만들기 위한 준비

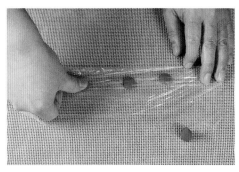

비닐을 이용하여 엄지손가락으로 얇게 밀어 펴서
장미잎을 만든다.

꽃심에 먼저 한 장을 붙여 꽃봉오리를
만들어준다.

꽃봉오리에 꽃 잎 한 장을 붙여준다.

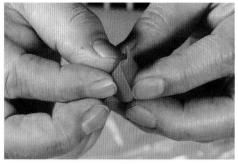

꽃 잎 한 장을 붙여준다.

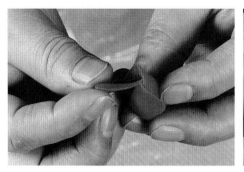

꽃잎 한 장을 붙여 삼각형을 만든다.

꽃잎 한 장을 붙여준다.

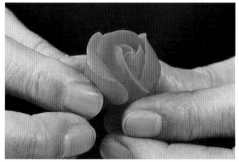

꽃잎 한 장을 붙여준다.

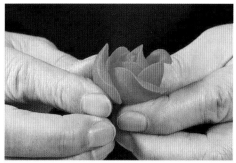

꽃잎 한 장을 붙여준다.

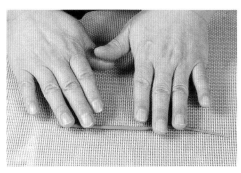

반죽을 가늘고 길게 밀어준다.
(밀어줄 때 힘 조절을 하여 점점 가늘게 해준다)

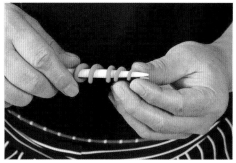

스틱에 굵은 부분부터 말아 스프링을 만든다.

꽃심 만드는 것과 비슷하게 만들어준다.

밀대로 밀어서 비닐에 놓고 도구를 이용하여
자르듯이 해준다.

2. 당근 만들기

❶ 마지팬 반죽에 색을 첨가하여 당근 색(주황색)이 나오게 한다.

❷ 약간 길게 밀어준다. (밀어줄 때 힘 조절을 하여 점점 가늘게 해준다)

❸ 마지팬 반죽에 색을 첨가하여 초록색을 만든다.

❹ 반죽을 밀어 가늘게 4개를 만든다.

❺ 4개를 올려놓는다.

❻ 당근 윗부분에 올려놓고 마지팬 도구로 눌러주고 손으로 만져 당근잎을 표현한다.

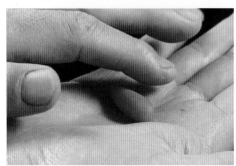

약간 길게 밀어준다.

스틱으로 자국을 내준다.

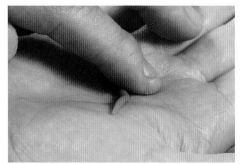

가늘게 밀어준다.

여러 개를 만들어놓는다.

 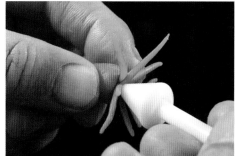

스틱으로 구멍을 낸다.　　　　　　　도구를 이용하여 눌러주고 손으로 당근잎을 표현한다.

3. 토끼 만들기

❶ 먼저, 반죽을 당근같이 만들어준다.

❷ 귀, 얼굴, 몸통 구분하기

　　그리고 귀가 될 부분과 얼굴과 몸통이 있을 부분을 손으로 눌러서 구분해 준다.

❸ 귀 만들기

　　귀 부분의 반죽을 칼을 이용해 반으로 잘라준다.

❹ 귀 모양 잡아주기

　　화면과 같이 자른 부분의 단면이 앞으로 향하게 휘어준다.

❺ 귀 모양 잡아주기

　　단면을 한 번 더 반으로 잘라서 귀 끝을 붙여준다.

❻ 다리 만들기

　　마지팬 도구를 이용해 다리를 표시해 준다. 이렇게 하면 간편하게 다리를 표현할 수 있다.

❼ 발 만들기

　　발 만드는 방법은 정말 간단하다.

　　반죽을 뭉툭한 당근 모양으로 만든 후, 끝이 얇은 도구를 이용해서 발가락을 표시해 주면 된다.

❽ 눈, 잎 위치 잡아주기

　　얼굴 작업하기에 앞서 눈, 코, 입의 위치를 잡아주고 시작한다.

　　아직 아무것도 붙이지 않은 상태이기 때문에 수정도 쉽게 할 수 있고 나중에 손이 많이 안 가서 더욱

　　깔끔하게 작품을 만들 수 있다.

❾ 코와 수염 붙이기

검정 반죽으로 삼각형을 만들어 코에 붙여주고, 흰색 반죽을 얇게 밀어 펴서 수염을 붙여준다. 수염을 진한 색으로 만들면 지저분해 보여서 흰색으로 표현하는 것이 더 예쁠 수 있다.

❿ 꼬리 만들기

흰색 반죽을 동그랗게 뭉쳐서 꼬리를 만들어 붙여준다.

⓫ 앞발을 붙이고 당근 쥐어 주기

앞발은 뒷발과 같은 방법으로 크기만 작게 만들어주면 된다.

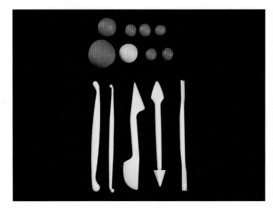

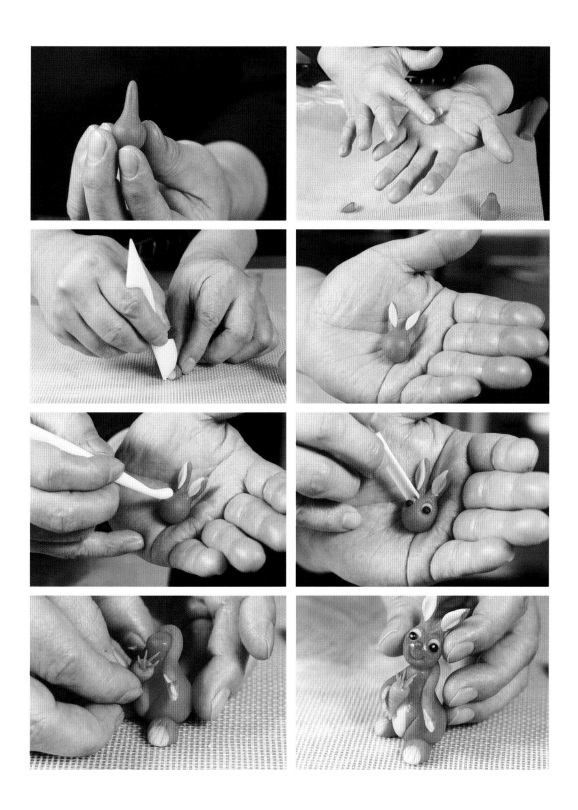

4. 강아지 만들기

❶ 흰 반죽에 검은 반죽을 붙여준다.

   (이때 얼굴이 될 부분은 적당히 붙여준다)

❷ 토끼 만들 때처럼 얼굴과 몸통을 나누어준다.

❸ 이마는 동글동글하게 입은 살짝 튀어나오게 모양을 잡아준다.

❹ 도구로 토끼 다리 만들던 것과 같이 표시해 준 다음, 부드럽게 다듬어준다.

❺ 흰 반죽에 검은 반죽 점박이를 붙이고 물방울 모양으로 늘린 후 발바닥에 분홍 반죽을 붙여서 발바닥
   무늬를 만들어준다.

❻ 뒷발 역시 점박이를 붙이고 발가락은 날렵한 도구로 2번 눌러주면 완성된다.

❼ 눈과 코를 붙이고 날렵한 도구로 입을 'W' 모양으로 눌러준다.

❽ 뒷발을 화면과 같이 엉덩이 밑에 붙여주고, 앞발은 역동적이게 들어서 붙인다.
   원하는 모양에 따라 다리는 자유롭게 붙여주고, 마지막으로 꼬리를 붙인다.

CHAPTER 6
마지팬

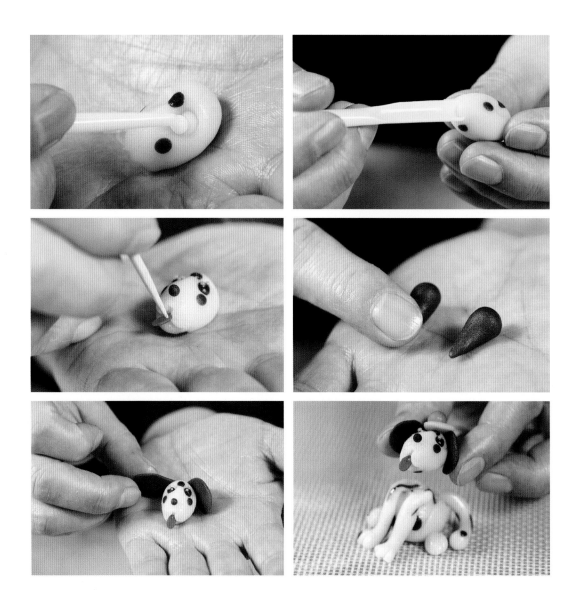

5. 사자 만들기

❶ 마지팬 반죽 제일 큰 반죽을 손가락으로 문질러 몸통부분을 만든다.

❷ 칼을 이용하여 반으로 나누어 다리를 만든다.

❸ 마지팬 스틱을 이용하여 엉덩이 부분과 다리를 만든다.

❹ 마지팬 도구를 이용하여 사자 전체 얼굴 귀, 눈, 입, 코를 예쁘게 표현한다.

❺ 진한 갈색 반죽을 길게 하여 스틱으로 문질러 잘라서 갈기를 만든다.

❻ 준비된 얼굴에 갈기를 둘러서 붙여준다.

❼ 완성된 머리를 몸통에 붙인다.

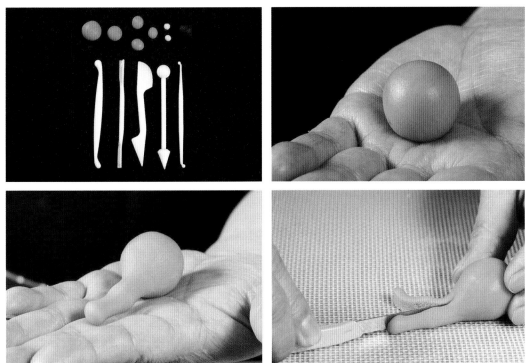

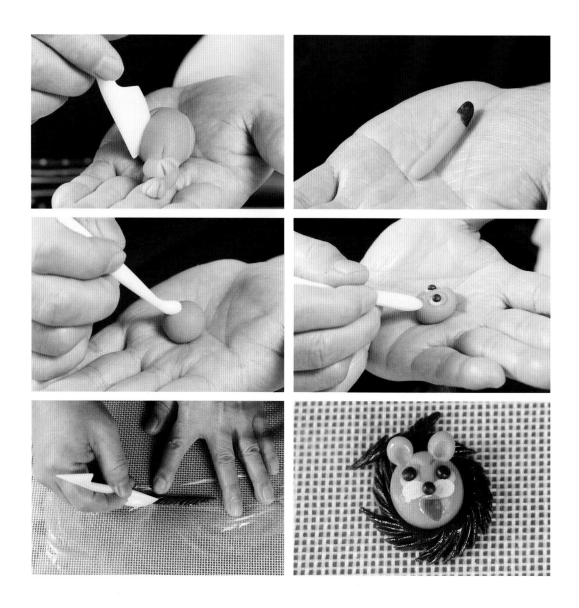

6. 다람쥐 만들기

❶ 마지팬 반죽에 짙은 갈색을 붙여 항아리 모양으로 몸통을 만든다.

❷ 앞발을 만들어놓고 만들어둔 몸통을 올린다.

❸ 마지팬 반죽에 짙은 갈색을 붙여 얼굴 모양을 만든다.

❹ 얼굴에 눈과 입, 코, 귀를 표현한다.

❺ 완성된 얼굴을 준비된 몸통에 올린다.

❻ 마지팬 반죽에 짙은 갈색반죽을 붙여 길게 만들고 스틱으로 꼬리를 만든다.

❼ 만든 꼬리를 엉덩이 밑에 붙이고 전체적인 조화가 이루어지도록 만든다.

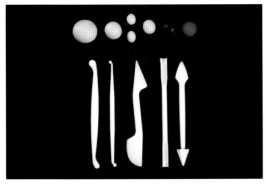

7. 마지팬을 이용하여 다양한 과일 만들기

1) 복숭아 만들기

❶ 마지팬 반죽에 색소를 첨가하여 원하는 색을 내준다.

❷ 반죽을 타원형으로 만들고 끝부분은 약간 뾰족하게 모양을 낸다.

❸ 타원형태로 만들어진 가운데 부분을 스틱으로 자르듯이 눌러준다.

❹ 초록색을 만들어 잎사귀를 만들어 붙인다.

❺ 검은색 반죽을 만들어 밀어서 스틱으로 잘라 꼭지를 만들어 붙인다.

2) 바나나 만들기

❶ 마지팬 반죽에 색을 첨가하여 바나나 색을 내준다.(70g)

❷ 바나나 색 마지팬 반죽을 밀어 편다.

❸ 흰색 반죽을 밀어서 위에 올린다.

❹ 마지팬 반죽을 길게 밀어서 슈거파우더를 묻혀 위에 올린다.

❺ 반죽을 덮어서 모양을 내고 남는 반죽 부분을 스틱으로 자른다.

❻ 마지팬 반죽을 원통형으로 만들고 양쪽 끝부분을 손으로 밀어 뾰족하게 만들어 모양을 잡아준다.

❼ 바나나 형태의 반죽을 약간 구부려주고 스틱으로 문지르면서 각을 세운다.

❽ 커피 엑기스를 준비하여 작은 붓으로 꼭지 부분과 여러 군데를 자연스럽게 터치해 준다.

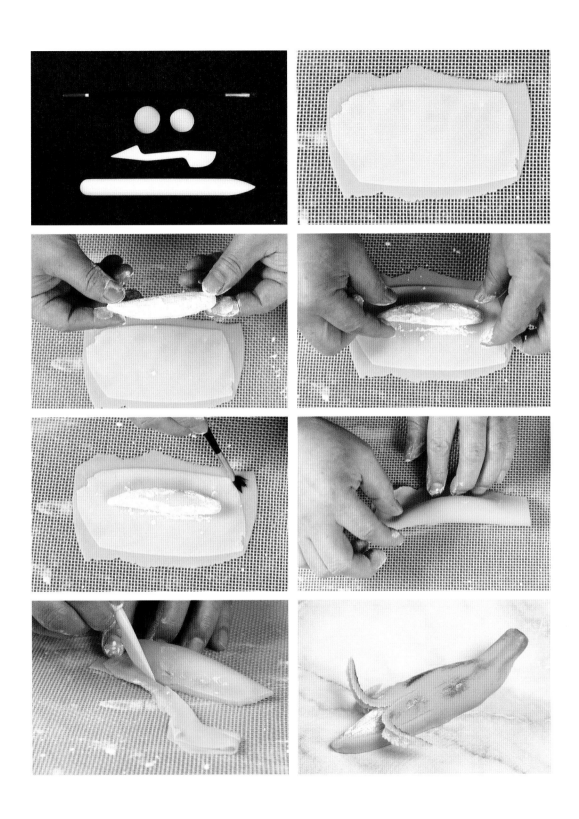

3) 감귤 만들기

❶ 소량의 마지팬 반죽에 색을 첨가하여 감귤 색을 내준다.

❷ 마지팬 반죽을 둥글게 하여 모양을 잡고 슈거파우더를 많이 묻힌다.

❸ 스틱으로 눌러 감귤을 표현한다.

❹ 감귤 색 반죽을 밀어 표면이 거친 판에 살짝 눌러준 다음 싸준다.

❺ 녹색으로 잎을 2장 만들어 위에 붙인다.

❻ 뒤집어 윗부분을 칼로 살짝 4등분으로 자른 다음 껍질을 살짝 벌려놓는다.

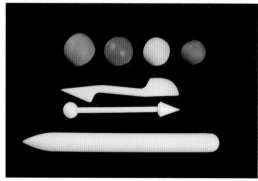
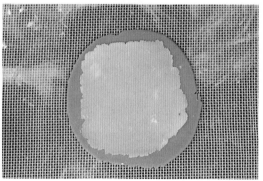

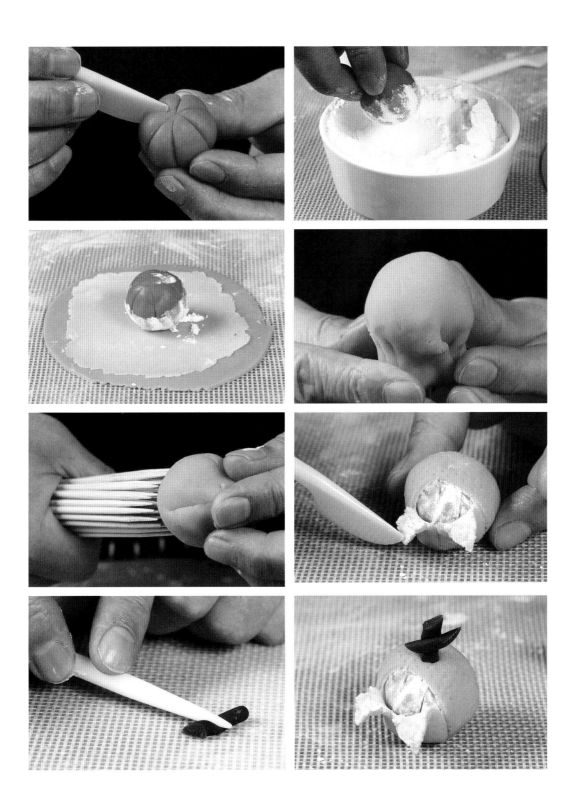

4) 수박 만들기

❶ 진한 녹색 마지팬을 밀어 편다.

❷ 흰색 마지팬 반죽을 밀어서 위에 올려붙인다.

❸ 검정색 마지팬 반죽을 가늘게 밀어 위에 놓는다.

❹ 마지팬 밀대로 밀어준다.

❺ 중앙에 빨간색 반죽을 놓는다.

❻ 스틱으로 바깥 일부분을 자른다.

❼ 껍질로 빨간색 부분을 감싸고 수박 느낌이 나오도록 표현한다.

❽ 스틱으로 윗부분을 구멍 내고 수박 꼭지를 표현한다.

❾ 칼로 수박을 자르고 빨간색 부분에 검정색으로 수박씨를 표현한다.

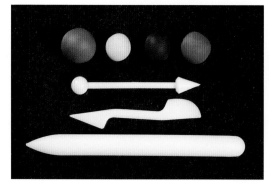

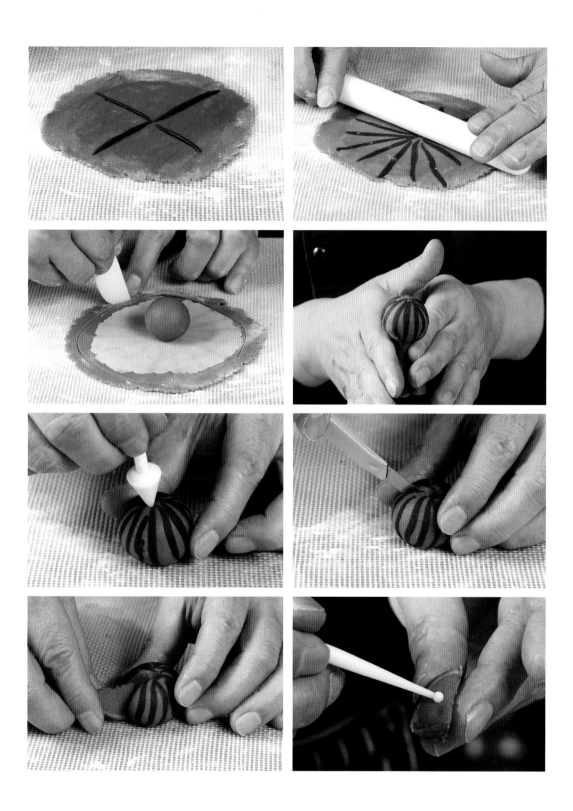

5) 마지팬 케이크 만들기

❶ 하루 전에 과일케이크를 만들어놓는다.

❷ 과일케이크 윗면을 칼로 잘라내어 돔형으로 만든다.

❸ 미리 만들어놓은 시럽에 럼을 첨가하여 붓으로 골고루 발라준다.

❹ 살구잼을 저어서 부드럽게 하여 스패튤라로 고루 바른다.

❺ 마지팬 반죽에 원하는 색상을 넣거나 아니면 그냥 씌운다.

❻ 마지팬 두께는 속이 보이지 않을 정도(1.5~2mm)로 밀어서 씌운다.

❼ 스무더로 밀어 밀착시킨 다음 여분의 반죽을 칼로 잘라낸다.

❽ 준비된 컨셉에 따라 꽃이나 동물 등으로 다양하게 데코레이션한다.

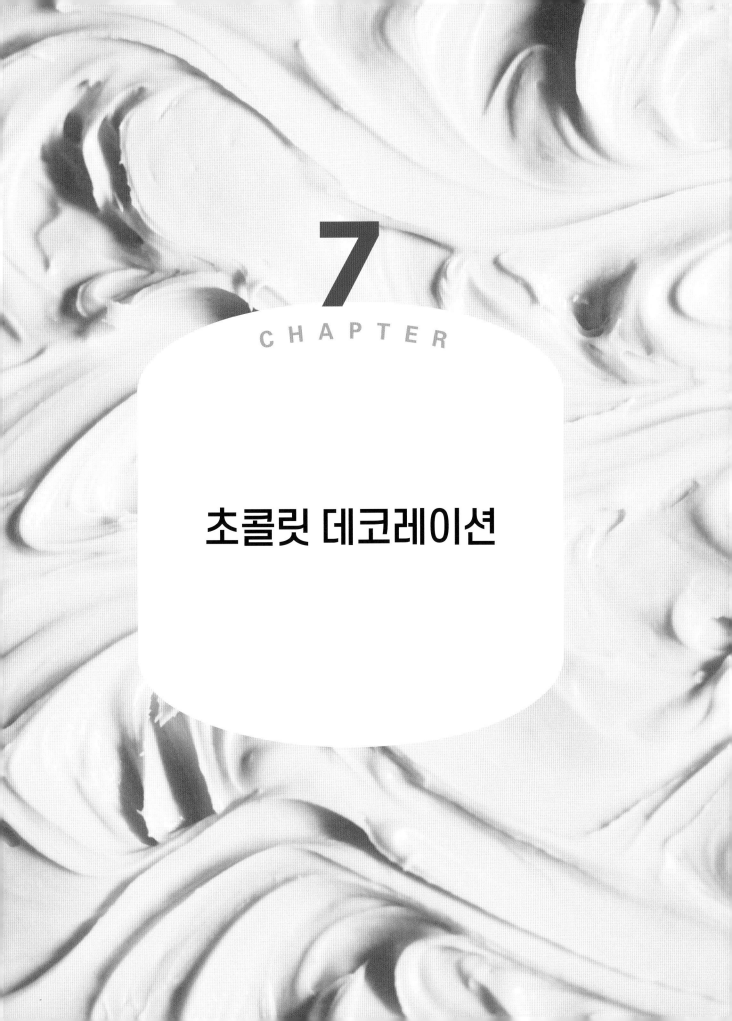

CHAPTER

7

초콜릿 데코레이션

초콜릿 데코레이션

1. 초콜릿 무스 글라사주 데코레이션하기

초콜릿 무스

❶ 초콜릿 무스 재료

노른자 60g, 설탕 40g, 다크커버추어초콜릿 160g

생크림(A) 100g, 우유 100g, 판젤라틴 3장, 생크림(B) 250g, 깔루아 리큐르 10g

❷ 초콜릿무스 바닥부분 재료

오레오쿠키 120g, 버터 45g

✏️ 만드는 과정

❶ 오레오쿠키를 밀대로 잘게 부순다.

❷ 버터를 전자레인지에 녹여서 넣고 섞어준다.

❸ 링 몰드 바닥을 랩으로 싼 뒤 쿠키를 넣고 얇게 펴서 눌러준다.

❹ 쿠키를 넣은 링 몰드는 냉장고에 넣어둔다.

❺ 젤라틴을 얼음물에 불린다.

❻ 볼에 노른자를 풀고 설탕을 넣고 저어준다.

❼ 생크림(A)과 우유를 뜨겁게 데운 다음 노른자에 조금씩 넣어가면서 저어준다.

❽ 불 위에 올려서 걸쭉한 단계까지 저어준다.

❾ 불린 젤라틴을 짜서 넣고 저어준다.

❿ 중탕으로 녹인 초콜릿을 섞어준 다음 깔루아를 넣고 섞어준다.

⓫ 생크림(B)을 휘핑하여 반죽에 섞어준다.

⓬ 준비된 몰드에 채워서 냉동실에 넣는다.

⓭ 초콜릿 시럽 또는 글라사주로 코팅한다.

❸ 글라사주 만들기

물 300g, 설탕 371g, 물엿 100g, 코코아파우더 150g, 생크림 150g, 젤라틴 26g

✏️ 만드는 과정

❶ 젤라틴을 찬물에 불린다.

❷ 냄비에 물, 설탕, 물엿, 생크림을 넣고 끓인다.

❸ 불에서 내려 코코아파우더를 넣고 섞어준다.

❹ 다시 불 위에 올리고 잘 저으면서 103℃까지 끓인다.

❺ 불에서 내려 불려놓은 젤라틴을 넣고 저어준다.

❻ 체에 걸러준다. 온도가 내려가면 코팅해 준다(온도 32~34℃).

❼ 남은 글라사주는 식혀서 냉장고에 넣어 보관한다.

❽ 필요시 꺼내어 중탕이나 전자레인지에 살짝 녹여서 사용한다.

CAKE
DECORATION TECHNIC

2. 초콜릿케이크 돔형 글라사주 코팅 데코레이션하기

CAKE
DECORATION TECHNIC

3. 초콜릿케이크 글라사주 데코레이션하기

4. 초콜릿 장미꽃 만들기

플라스틱 초콜릿(Plastic Chocolate) 제조

· 동절기= 커버추어 초콜릿 200g, 액상포도당(물엿) 70g

· 하절기= 커버추어 초콜릿 200g, 액상 포도당(물엿) 40~50g

플라스틱 초콜릿 만드는 과정

❶ 초콜릿을 중탕하여 녹인다(42~45℃)(화이트초콜릿 36~38℃).

❷ 초콜릿을 녹인 다음 35℃로 내린다.

❸ 물엿의 온도를 35℃로 맞춘다.

❹ 초콜릿에 물엿을 넣고 가볍게 혼합한다.

❺ 비닐이나 용기에 담아서 포장 후 실온에서 24시간 동안 휴지 및 결정화시킨다.

❻ 매끄러운 상태가 될 때까지 치댄다.

❼ 밀폐용기에 담아서 보관한다.

❽ 사용할 때 치대서 다양한 모양의 초콜릿공예를 만든다.

초콜릿 장미꽃 만들기

❶ 냉장고에서 초콜릿 반죽을 꺼내어 전자레인지에서 잠깐 돌려 부드럽게 한다.

❷ 초콜릿 반죽을 치대어 매끄럽게 한다.

❸ 초콜릿 반죽을 당근 모양이 나오게 힘을 조절하여 길게 밀어준다.

❹ 칼로 일정한 두께로 자른다. 굵기가 다르기 때문에 꽃잎 크기가 다르다.

❺ 먼저 초콜릿 반죽으로 장미꽃 심을 만든다.

❻ 자른 초콜릿 반죽을 비닐에 넣고 펴서 먼저 만들어놓은 심에 한 바퀴 돌려준다.

❼ 초콜릿 반죽 3개를 밀어 펴서 잎이 겹치게 붙여서 삼각형이 나오게 만든다.

❽ 초콜릿 반죽 5개를 밀어 펴서 최대한 볼륨감 있게 붙여준다.

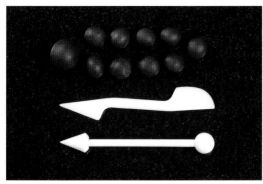

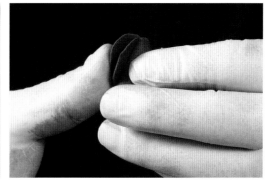

꽃잎 만들기

❶ 반죽을 치대어 부드럽게 만든 후 밀대로 밀어서 펴준다.

❷ 도구를 이용하여 찍거나 잎 모양이 나게 자른다.

❸ 자른 잎에 도구를 이용하여 눌러 줄기 모양을 낸다.

❹ 잎 끝부분을 손으로 접어서 눌러준다.

❺ 초콜릿 장미꽃 한 송이에 꽃잎 3장을 만들어 붙인다.

마지팬 꽃잎이나 초콜릿 꽃잎 만드는 과정은 같다.

넝쿨 만들기

❶ 반죽을 치대어 길게 밀어준다. (힘을 조절하여 갈수록 끝부분을 가늘게 한다)

❷ 스틱에다 굵은 부분부터 말아 스프링 형태를 만든다.

❸ 조금 있다가 굳으면 빼서 장식한다.

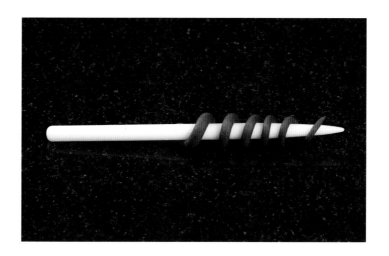

5. 초콜릿 박스 만들기

✎ 만드는 과정

❶ 플라스틱 초콜릿 반죽을 밀어준다.

❷ 원하는 크기의 박스를 만들기 위해 몰드를 준비하거나 자로 잘라서 붙여준다.

❸ 바닥보다 윗면은 조금 큰 사이즈로 찍는다.

❹ 원형둘레 높이는 원하는 사이즈로 자른다.

❺ 초콜릿을 조금 녹여서 이음매 부분을 붙이고 박스가 완성되면 바깥부분에 붓으로 칠해준다.

❻ 박스 안에는 초콜릿을 만들어 넣고 뚜껑 윗면에는 초콜릿꽃을 만들어 올린다.

❼ 고급스럽게 보이기 위해서 금으로 데코레이션한다.

8

CHAPTER

케이크 데코레이션

케이크 데코레이션

1. 슈거크래프트 케이크 데코레이션하기

슈거크래프트 케이크 만드는 과정

❶ 하루 전에 과일케이크를 만들어놓는다.

❷ 준비된 과일케이크 윗면 가장자리를 다듬어준다.

❸ 미리 만들어놓은 시럽에 럼을 첨가하여 붓으로 골고루 발라준다.

❹ 살구잼을 저어서 부드럽게 하여 스패튜라로 고루 바른다.

⑤ 마지팬을 4mm 두께로 밀어서 씌운 다음 스무더로 밀착시킨다.

⑥ 여분의 반죽을 칼로 잘라낸다.

⑦ 커버링 반죽을 4mm 두께로 밀어서 깨끗하게 씌운다.

⑧ 스무더로 밀어 밀착시킨 다음 여분의 반죽을 칼로 잘라낸다.

⑨ 준비된 컨셉에 따라 꽃을 만들어 장식하거나 다양한 방법으로 데코레이션한다.

CAKE
DECORATION TECHNIC

CHAPTER 8
케 이 크   데 코 레 이 션

2. 당근케이크 데코레이션하기

배합표

박력분 400g, 베이킹소다 4g, 베이킹파우더 4g, 소금 5g, 계핏가루 8g

달걀 200g, 설탕 350g, 올리브오일 100g, 당근 300g, 호두 100g, 파인애플 100g

✎ 만드는 과정

❶ 달걀에 설탕, 소금을 넣고 거품을 올려준다.

❷ 박력분, 베이킹소다, 베이킹파우더, 시나몬파우더를 같이 체 친다.

❸ 당근은 채칼에 내리고 파인애플은 다진다. 건포도, 호두를 같이 섞어놓는다.

❹ ①의 거품이 다 올라오면 올리브오일을 섞어준다.

❺ 가루재료를 천천히 넣으며 섞어준다.

❻ 당근, 파인애플, 호두 순서대로 재료를 넣어 섞어준다.

❼ 준비된 몰드에 종이를 깔고 반죽을 70% 채운다.

❽ 오븐온도 170~180℃/170℃에서 25~30분간 굽는다.

치즈크림 만들기

배합표

크림치즈 500g, 슈거파우더 120g, 레몬주스 20g, 동물성 생크림 500g, 버터 100g

만드는 과정

❶ 크림치즈에 버터, 슈거파우더, 생크림 100g을 넣고 부드럽게 해준다.

❷ 레몬주스를 넣고 저어준다.

❸ 생크림 400g을 휘핑하여 섞어준다.

당근케이크 시트를 자르고 시럽을 바른다.

치즈크림을 짜준다.

치즈크림을 채우고 3단으로 샌드한다.

윗면에 치즈크림을 올리고 준비해 놓은 당근으로
데코레이션한다.

3. 버터크림을 이용한 다양한 데코레이션하기

다양한 모양깍지를 이용하여 데코레이션한다.

짤주머니에 녹인 초콜릿이나 글라사주를 담아서 케이크 윗면에 다양한 레터링을 하여 데코레이션한다.

꽃받침에 장미꽃을 짜준다.

꽃가위로 꽃을 케이크 위에 올려준다.

꽃잎을 짜주고 글씨를 써준다.

케이크가 완성되었을 때 전체적으로 데코레이션이 조화를 이루어야 한다.

4. 버터크림 케이크 데코레이션하기

케이크는 아이싱이 매우 중요하며, 최근에는 데코레이션을
많이 하지 않으나 케이크 디자이너 시험에
응시하기 위해서는 기본적으로 연습을 해야 한다.

별모양깍지를 이용하여 데코레이션하고
윗면에 레터링을 해주고 장미꽃을 올린다.

꽃잎을 짜준다.

케이크 윗면에 글씨를 써준다.

케이크가 완성되었을 때
전체적으로 조화를 이루는 것이 중요하다.

5. 다양한 플라워 컵케이크 짜기

최근 몇 년 사이에 선물하기 좋은 '플라워 컵케이크'Flower Cupcake가 유행하고 있다. 맛보다는 눈으로 봐서 예쁜 것을 선호하는 신세대들의 트렌드에 따라 꽃과 케이크가 모두 필요한 기념일과 어버이날, 스승의 날, 성년의 날, 부부의 날 등 선물로 인기가 높다.

반죽을 하여 다양한 컵케이크를 만들어놓고 꽃을 짜서 위에 올려주는 방법과 컵케이크 위에 바로 짜서 놓을 수도 있다. 주로 버터크림을 많이 이용하며, 최근에는 앙금을 이용하여 만든 앙금플라워 떡 케이크도 유행하고 있다.

버터크림 만드는 법

이탈리안 머랭 버터크림(cream butter meringue italienne)

설탕 500g, 물 150g, 흰자 150g, 버터 1000g

✎ 만드는 과정

❶ 알루미늄 자루냄비에 물, 설탕을 넣고 끓인다(118℃).

❷ ①이 끓기 시작하면 흰자 거품을 올린다.

❸ 118℃까지 끓인 시럽을 ②에 넣으면서 중속으로 거품을 올린다.

❹ ③을 35℃까지 식힌 후 실온 상태의 버터를 넣고 거품을 올린다.

6. 다양한 플라워 컵케이크 만들기

177

스카비오사 플라워 컵케이크 짜기

❶ 컵케이크를 준비한다.

❷ 버터크림에 색소를 넣고 원하는 색깔을 낸다.

❸ 짤주머니에 크림을 담아서 컵케이크 위에 짜준다.

❹ 중앙부분을 짜주고 꽃잎을 짜준다.

국화 플라워 컵케이크 짜기

❶ 버터크림에 색소를 넣어 색깔을 내준다.

❷ 꽃받침 위에 크림을 짜준다.

❸ 꽃가위를 이용하여 접시에 놓는다.

❹ 냉장고에 잠시 두었다가 조금 굳어지면 컵케이크 윗면에 올려준다.

❺ 꽃잎을 짜준다.

작약 플라워 컵케이크 짜기

❶ 버터크림에 색소를 넣어 색깔을 내준다.

❷ 꽃받침 위에 크림을 짜준다.

❸ 꽃가위를 이용하여 접시에 놓는다.

❹ 냉장고에 잠시 두었다가 조금 굳어지면 컵케이크 윗면에 올려준다.

❺ 꽃잎을 짜준다.

라넌큘러스 플라워 컵케이크 짜기

❶ 버터크림에 색소를 넣어 색깔을 내준다.

❷ 꽃받침 위에 크림을 짜준다.

❸ 꽃가위를 이용하여 접시에 놓는다.

❹ 냉장고에 잠시 두었다가 조금 굳어지면 컵케이크 윗면에 올려준다.

❺ 꽃잎을 짜준다.

애플블러썸 플라워 컵케이크 짜기

❶ 버터크림에 색소를 넣어 색깔을 내준다.

❷ 꽃받침 위에 크림을 짜준다.

❸ 꽃가위를 이용하여 접시에 놓는다.

❹ 냉장고에 잠시 두었다가 조금 굳어지면 컵케이크 윗면에 올려준다.

❺ 꽃잎을 짜준다.

7. 플라워 케이크 만들기

버터크림 3호 플라워 케이크

❶ 케이크 시트를 준비하여 샌드하고 아이싱한다.

❷ 케이크 만드는 컨셉에 맞게 다양한 꽃을 짜서 냉장고에서 살짝 굳힌다.

❸ 준비된 케이크 위에 꽃을 올리고 데코레이션한다.

벨벳 2호 플라워 케이크

레드벨벳 시트 만들기

벨벳파우더 1000g, 물 244g, 달걀 420g, 식용유 120g, 물엿 100g

• 식용유를 제외한 전 재료를 믹싱 볼에 넣고 거품을 올린다.

• 식용유를 섞어준다.

• 원하는 크기의 팬에 담아서 굽는다.

❶ 벨벳 시트를 준비하여 버터크림 또는 치즈크림으로 샌드한다.

❷ 컨셉에 맞게 꽃을 준비한다.

❸ 윗면에 짜놓은 꽃을 올린다.

❹ 케이크 옆면은 투명한 비닐로 둘러준다.

벨벳 2호 케이크 데코레이션하기

❶ 벨벳 시트를 준비하여 버터크림 또는 치즈크림으로 샌드한다.

❷ 윗면에 큰 원형깍지로 짜준다.

❸ 벨벳 시트 껍질부분을 제외한 속부분을 체에 내려 뿌려준다.

❹ 케이크 옆면은 투명한 비닐로 둘러준다.

8. 생크림케이크 데코레이션하기

❶ 케이크 시트를 준비하여 샌드하고 아이싱한다.

❷ 별깍지로 데코레이션한다.

❸ 준비된 과일을 올린다.

❹ 초콜릿으로 글씨를 써준다.

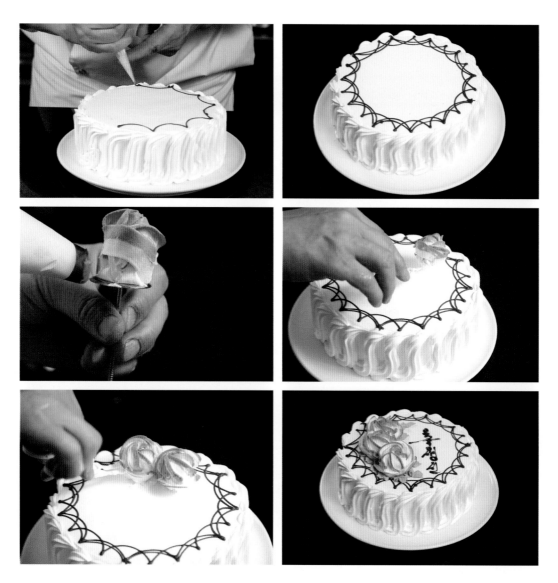

● 모양깍지에서 2가지의 색깔이 나오게 하는 방법은 먼저 원하는 색깔의 크림을 준비하여 짤주머니에 소량을 넣은
　다음 많은 양의 크림을 넣어서 하면 된다.

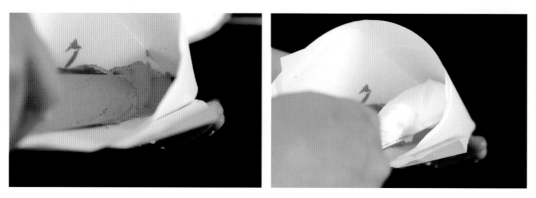

9. 초콜릿케이크 코팅 데코레이션하기

❶ 초콜릿 시트를 준비하여 샌드하고 아이싱한다.

❷ 냉장고에 잠시 넣어둔다.

❸ 초콜릿이 준비되면 냉장고에서 꺼내어 코팅한다.

❹ 별깍지로 데코레이션한다.

❺ 화이트초콜릿으로 레터링한다.

❻ 초콜릿꽃을 만들어 올린다.

❼ 초콜릿으로 글씨를 써준다.

CAKE
DECORATION TECHNIC

9

CHAPTER

케이크 데코레이션
장식물 만들기

Chapter 9

케이크 데코레이션 장식물 만들기

케이크를 빛내주는 초콜릿 한 조각, 초콜릿 데코레이션은 주로 케이크, 디저트 데코레이션용으로 사용되는 초콜릿 장식물들로 다크초콜릿, 밀크초콜릿, 화이트초콜릿으로 만들 수 있다. 초콜릿 장식물을 만들기 위해서는 템퍼링tempering이라고 하는 온도 조절 작업을 거쳐야 한다.

1. 초콜릿 장식물 만들기

초콜릿 장식물 만들기

❶ 초콜릿을 녹인다.

❷ 초콜릿을 수냉법이나 대리석법으로 템퍼링을 한다.

❸ 준비된 두꺼운 필름에 초콜릿을 올리고 기구로 밀어준다.

❹ 조금 있다가 손으로 잡고 꼬아준다.

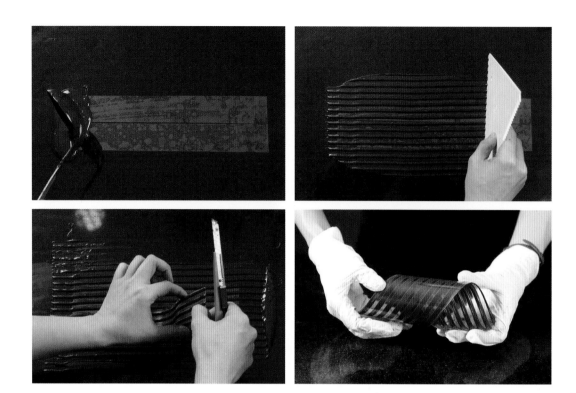

❶ 초콜릿을 녹인다.

❷ 초콜릿을 수냉법이나 대리석법으로 템퍼링을 한다.

❸ 준비된 두꺼운 필름에 초콜릿을 올리고 스패튜라로 펴준다.

❹ 조금 굳어지면 원하는 크기로 자르고 밀대를 이용하여 모양을 잡아준다.

 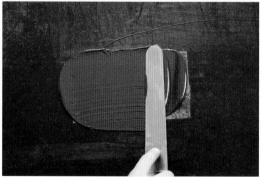

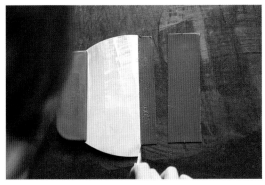 

❶ 초콜릿을 녹인다.

❷ 초콜릿을 수냉법이나 대리석법으로 템퍼링을 한다.

❸ 준비된 두꺼운 필름에 초콜릿을 올리고 스패튜라로 펴준다.

❹ 조금 굳어지면 원하는 크기로 링형태의 모양을 잡아준다.

❶ 초콜릿을 녹인다.

❷ 초콜릿을 수냉법이나 대리석법으로 템퍼링을 한다.

❸ 준비된 두꺼운 필름에 초콜릿을 올리고 작은 스패튜라로 모양을 낸다.

❹ 바게트 몰드에 놓으면 자연스럽게 예쁜 형태로 만들어진다.

❶ 초콜릿을 녹인다.

❷ 초콜릿을 수냉법이나 대리석법으로 템퍼링을 한다.

❸ 대리석에 초콜릿을 붓고 스패튜라로 얇게 밀어 편다.

❹ 초콜릿을 스크레이퍼로 힘을 주어 밀고 손가락을 이용하여 형태를 만든다.

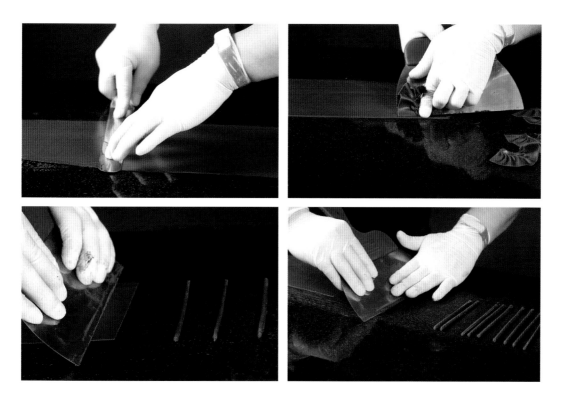

❶ 초콜릿을 녹인다.

❷ 초콜릿을 수냉법이나 대리석법으로 템퍼링을 한다.

❸ 두꺼운 필름 위에 초콜릿을 짜고 작은 스패튜라를 이용하여 형태를 만든다.

❹ 손가락으로 밀어서 형태를 만든다.

❶ 비닐을 놓고 위에 링 몰드를 놓는다.

❷ 링 중앙에 초콜릿을 짜놓는다.

❸ 만들어 놓은 장식물을 하나씩 붙인다.

❹ 냉각제를 사용하여 빨리 굳게 한다.

2. 설탕을 이용한 장식물 만들기

설탕을 이용하여 다양한 방법으로 여러 가지 꽃과 동물, 과일, 카드 등의 장식물을 만드는 기술이다. 설탕 특유의 폭넓은 가변성과 보존성으로 창조적인 표현이 가능하며, 응용분야가 넓다. 주로 케이크 장식에 사용되지만 요즘은 디저트 가니쉬로 주목받는 경향도 보인다. 일반적으로 케이크, 디저트 장식에 널리 사용되면서 설탕공예가 발달했고, 현재는 테이블 세팅, 액자, 집안을 꾸미는 소품 등 다양하게 활용되고 있다.

❶ 실리콘패드에 이소말트를 올리고 펴준다.

❷ 원하는 액체 색소를 몇 방울 떨어트린다.

❸ 실리콘패드를 위에 덮고 오븐온도 200℃에서 이소말트 입자가 녹으면 꺼내서 식은 다음 원하는 크기로 사용한다.

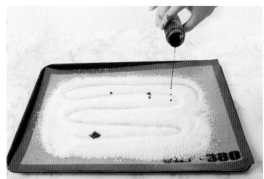

설탕공예 반죽하기

❶ 냄비에 이소말트를 끓인다. 온도를 잴 필요 없이 이소말트 입자가 녹으면 된다.

❷ 실리콘패드 위에 붓고 한 덩어리로 만들어 여러 번 당기고 접어 광택을 낸다.

❸ 다양한 방법으로 형태를 만들고 가위로 잘라 데코레이션에 사용한다.

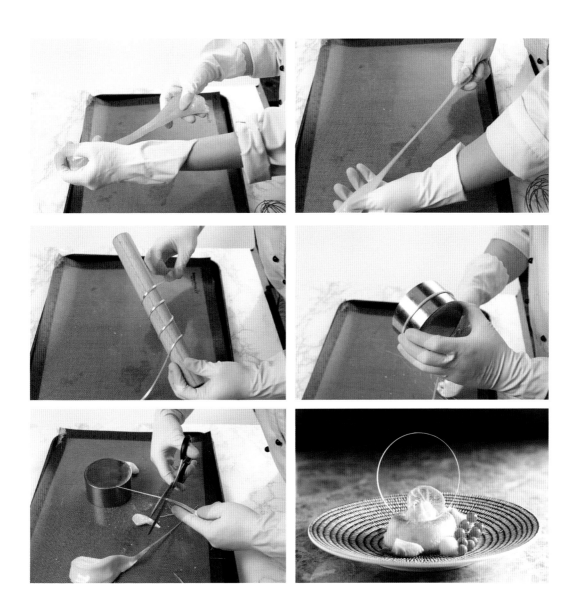

Reference

박병욱, 케이크 마스터, 도서출판 유강.
김철용, 케이크 데코레이션 파이핑 테크닉마스터, 다락원.
신태화, 디저트 실무, 백산출판사.

신태화

현) 백석예술대학교 외식산업학부 전임교수
- 경기대학교 관광학 박사
- 대한민국 제과기능장
- (사)외식경영학회 부회장
- 전국자원봉사대상 국무총리 표창
- JW Marriott Hotel Executive Pastry Chef
- Sheraton Seoul Palace Gangnam Hotel Pastry Chef
- 제과명장, 제과기능장, 제과제빵기능사 심사위원
- SEOUL INTERNATIONAL BAKERY FAIR 심사위원
- U.S.C cheese bakery contest 심사위원
- ACADECO 심사위원
- 한국산업인력공단 NCS 제과제빵개발위원
- 한국산업인력공단 일학습병행개발위원
- KBS 무엇이든 물어보세요, MBC, EBS 등 다수 출연
- 프랑스, 독일, 일본 단기연수
- 저서: 베이커리카페 창업경영론, 달콤한 디저트 세계, 제과
  제빵 이론 및 실무, 제과제빵기능사 실기,
  홈메이드 베이킹 외 다수

강신욱

현) 서원대학교 호텔외식조리학부 교수
- 극동대학교 일반대학원 관광경영학 박사
- 청운대학교 산업대학원 관광경영학 석사
- 남부대학교 교육대학원 조리교육학 석사
- 그랜드 하얏트 호텔(인천) Sous Chef
- 백석문화대학교 제과제빵학과 겸임교수
- 신성대학교 호텔조리제빵계열 겸임교수
- 마산대학교 식품영양조리제빵학부 교수

박상준

현) 연성대학교 호텔외식조리과 카페 베이커리전공 교수
- 경희대학교 관광대학원 박사 졸업(조리외식경영학 박사)
- 경기대학교 서비스경영대학원 졸업(경영학 석사)
- 초당대학교 조리과학과 졸업
- 그랜드힐튼호텔 제과부 근무
- 동우대학교, 신한대학교 겸임교원
- 제과제빵 특수교육 교재 편찬(교육과학기술부)
- 경기도 지방기능대회 심사(한국산업인력공단)
- 식품가공/면류 학습모듈 집필(한국직업능력개발원)
- NCS 제과제빵 학습모듈 개발(한국산업인력공단)
- 훈련기관평가 제과제빵/커피바리스타부분(한국직업능력개발원)
- 학습병행 운영평가 및 내용전문가(한국산업인력공단)
- 제과기능장 집필 및 감독위원(한국산업인력공단)
- 제과명장 평가위원(한국산업인력공단)
- 2020 한국제과제빵교수협회 회장

이원석

현) 경민대학교 호텔외식조리과 교수
- 경기대학교 대학원 외식산업경영전공 박사
- NRA 미국식품위생관리사
- 밀레니엄 서울힐튼호텔 Bakery Pastry Chef
- NCS 기반 제과직무분야 학습모듈개발 집필진
- 한국산업인력공단 제과/제빵기능사 실기시험 감독위원
- 한국산업인력공단 新자격 개발 검토위원
- 2015 대한민국 국제요리대회 Live 대상(통일부장관상)
  외 다수 수상
- 백석문화대학교, 백석예술대학교 겸임교수/경기대학교
  외래교수
- 저서: Professional Dessert, Professional Bakery & Pastry
  Chef, 케이크 데코레이션 바이블, 프로와 함께 하는
  제과제빵 기능사 외 다수

이재진

현) 한국관광대학교 호텔제과제빵과 교수
- 경기대학교 일반대학원 외식조리관리(관광학 박사)
- 학사학위 전공심화 학과장
- (주)쉐라톤워커힐호텔 제과부
- 제과제빵기능사 실기시험 감독위원
- 제과제빵기능대회 심사장 및 심사위원
- 2009년, 2015년 교육부총리장관상 수상

이준열

현) 서정대학교 호텔조리과 교수
- 경희대학교 대학원 박사
- 대한민국 제과명장 1호
- 대한민국 제과기능장
- 창신대학교 호텔조리과 교수
- 스위스그랜드 호텔 제과과장/서울교육문화회관 제과과장
- 노보텔 앰배서더 강남 제과과장/리츠칼튼 호텔 제과과장
- 메리어트 호텔 제과과장
- 지방기능경기대회 심사장
- 서울국제요리경연대회(단체 및 개인부문) 최우수상 수상
- 서울특별시장 표창장/창원시 국회의원 표창장 수상

한장호

현) 배화여자대학교 전통조리과 교수
- 건국대학교 대학원 박사
- 대한민국 제과기능장
- W서울워커힐호텔

홍여주

- 현) 용인예술과학대학교 호텔제과제빵과 학과장
- 세종대학교 조리학 박사과정 수료
- 세종대학교 조리학 석사
- 중앙대학교 졸업(문학사)
- Le Cordon Bleu Pâtisserie Diploma
- BakEnjoy(베이크엔조이) 오너셰프
- 백석문화대학교, 청강문화산업대학교 강사
- 로이문화예술실용전문학교 전임교수
- 영국주방가전 기업 KENWOOD社 서포터즈 및 광고 모델
- 동경제과학교 연수
- 일본과자전문학교 연수
- 한국조리협회 이사
- 2017~2021 대한민국 국제요리제과경연대회 운영위원
- 2017~2021 World Food Championship 운영위원
- 쌀고추장의 맛 평가 및 지표 개발 연구원(2013/농림수산식품기획기술평가원)
- 쌀고추장의 맛 평가 및 지표 개발(2012/국립농업과학원)

저자와의
합의하에
인지첩부
생략

케이크 데코레이션 테크닉

2022년 3월 10일 초판 1쇄 발행
2023년 10월 1일 초판 2쇄 발행

지은이 신태화 · 강신욱 · 박상준 · 이원석
　　　　이재진 · 이준열 · 한장호 · 홍여주
펴낸이 진욱상
펴낸곳 (주)백산출판사
교　정 편집부
본문디자인 신화정
표지디자인 오정은

등　록 2017년 5월 29일 제406-2017-000058호
주　소 경기도 파주시 회동길 370(백산빌딩 3층)
전　화 02-914-1621(代)
팩　스 031-955-9911
이메일 edit@ibaeksan.kr
홈페이지 www.ibaeksan.kr

ISBN 979-11-6567-435-9 13590
값 22,000원